GÉOMÉTRIE ÉLÉMENTAIRE

THÉORIQUE ET PRATIQUE.

PARIS. — IMPRIMERIE DE GAUTHIER-VILLARS,
Rue de Seine-Saint-Germain, 10, près l'Institut.

COURS COMPLET
D'ENSEIGNEMENT INDUSTRIEL

PUBLIÉ SOUS LA DIRECTION

DE M. MARGUERIN,

DIRECTEUR DE L'ÉCOLE MUNICIPALE TURGOT, A PARIS.

GÉOMÉTRIE ÉLÉMENTAIRE

THÉORIQUE ET PRATIQUE,

Par P.-A. CASIMIR DE PAUL,

OFFICIER D'ACADÉMIE, PROFESSEUR A L'ÉCOLE MUNICIPALE TURGOT.

SECONDE PARTIE. — GÉOMÉTRIE DANS L'ESPACE.

SUIVIE D'UN EXPOSÉ ÉLÉMENTAIRE DU NIVELLEMENT.

PARIS,

GAUTHIER-VILLARS, IMPRIMEUR-LIBRAIRE

DU BUREAU DES LONGITUDES, DE L'ÉCOLE IMPÉRIALE POLYTECHNIQUE,
Quai des Augustins, 55.

CHARLES DELAGRAVE et Cie, LIBRAIRES,
Rue des Écoles, 78.

1868

PRÉFACE.

—

Une instruction littéraire plus ou moins étendue, plus ou moins variée, est le premier besoin de tout enseignement; mais si l'on déduit ce que l'on doit en considérer comme toujours indispensable, le reste des études littéraires peut être considéré comme un accessoire, et je m'empresse d'ajouter un accessoire très-utile, dans l'enseignement secondaire spécial; le caractère de cet enseignement est plus particulièrement scientifique. Il doit être une préparation aux grandes écoles industrielles, comme l'enseignement secondaire classique est une préparation aux grandes écoles affectées spécialement aux professions dites *libérales*. Mais ce caractère de l'enseignement secondaire spécial exige-t-il qu'on y comprenne les théories élevées des sciences, tant qu'elles n'ont pas encore reçu une application immédiate? Je ne le pense pas, et je crois qu'à cet égard mon opinion est celle de tout le monde. D'un autre côté, sous prétexte d'une simple pratique, suffit-il d'énoncer les vérités scientifiques et de montrer leur usage et le mode d'application dans les diverses carrières industrielles? Cette opinion, malheureusement trop répandue, n'est pas la mienne, et elle ne peut pas être celle de toute personne habituée à faire de fréquentes applications de la science à l'industrie. On perd aussi beaucoup trop de vue que tout enseignement a pour but l'exercice et le développement de l'intelligence; les efforts de mémoire ne suffisent pas pour atteindre ce but. La mémoire n'en est pas moins d'un très-grand secours, même dans les études basées sur un raisonnement suivi et rigoureux, il est donc essentiel de la fortifier par l'exercice.

En quoi donc doivent consister les études scientifiques dans l'enseignement secondaire spécial ? Par cela seul qu'il est spécial, tout doit consister dans le choix des questions à traiter et non dans une plus ou moins grande précision de leur développement. Ce choix dépend d'ailleurs de la spécialité que l'on a plus particulièrement en vue, ce qui rend impossible une indication complète à cet égard, et, par conséquent, aussi impossible un programme complet et étendu de ce genre d'enseignement. On doit se borner aux questions fondamentales comprenant l'arithmétique, les premiers éléments d'algèbre, la géométrie élémentaire, la trigonométrie générale et ses applications à la mesure des surfaces planes, enfin la géométrie descriptive, sur laquelle repose en grande partie la science industrielle.

A côté de cet enseignement purement mathématique viennent se placer les notions de mécanique et de physique, et les principes généraux de la chimie, autre base de la plus haute importance dans les carrières industrielles. Ces dernières études, préparées seulement dans l'enseignement secondaire spécial, doivent recevoir un grand développement dans l'enseignement industriel supérieur et aussi dans l'enseignement technique, à cause de toutes les fabrications en si grand nombre basées sur la chimie et des applications de l'électricité que l'on voit naître journellement.

Les mathématiques pures doivent être presque entièrement comprises dans l'enseignement préparatoire ; ce qui concerne les applications spéciales à l'industrie mécanique ne consiste que dans les principes généraux du calcul différentiel et du calcul intégral, ainsi que les propriétés des sections coniques. Mais cette même industrie et celle des constructions exigent une étude approfondie de la géométrie descriptive, qu'il est quelquefois utile et même indispensable d'unir au calcul analytique, seul capable de répondre aux questions de théorie qui se trouvent liées à la pratique. La géométrie descriptive, si souvent appliquée dans l'industrie, n'est-elle-même qu'une application de la géométrie dont elle enseigne à résoudre une série de problèmes généraux. La théorie de cette branche des mathématiques constitue le Chapitre Ier de la Géométrie dans l'espace, ce qui explique l'étendue que j'ai dû donner à ce Chapitre et les nombreux énoncés de théorèmes qui s'y trouvent et qui, sans cette considération, ne paraîtraient pas motivés.

Le but principal de la Géométrie dans l'espace étant la mesure des volumes, j'ai placé cette étude de suite après les théorèmes du premier Chapitre, en y joignant les questions analogues sur la sphère ainsi que les propriétés des polygones sphériques. La sphère est en réalité un sixième polyèdre régulier, puisqu'elle est superposable sur elle-même de quelque manière qu'on la fasse tourner autour de son centre, ce qui est la perfection du caractère constituant la régularité ; aussi ai-je cru opportun de placer immédiatement après elle l'étude des polyèdres réguliers.

Je n'ai pu donner dans ce Traité que des notions très-succinctes sur la similitude des figures dans l'espace ; les lecteurs pourront trouver de plus grands détails sur cette théorie, sur les similitudes directes et inverses, les centres de similitude et les pôles conjugués de similitude des figures semblables et semblablement placées, que M. Chasles a désignées par la dénomination très-expressive de *figures homothétiques*, dans le quatrième Chapitre de la seconde Partie du cours de Géométrie descriptive que j'ai rédigé et qui a été lithographié en 1841 pour l'usage des élèves de l'École Centrale des Arts et Manufactures. Dès le Chapitre Ier j'ai dû signaler les circonstances des figures dites *symétriques* ; en y revenant de nouveau, je ne pouvais également donner sur cette question que des notions générales.

Enfin un dernier Chapitre, faisant suite à celui qui termine la Géométrie plane, a pour objet d'indiquer les modifications à apporter au lever des plans lorsque le terrain n'est pas horizontal, ainsi que la pratique du nivellement. Mais je répète ici que je n'ai jamais eu l'intention de faire un Traité *ex professo* du lever des plans, de l'arpentage et du nivellement ; je me suis borné aux notions générales, qui sont d'ailleurs suffisantes pour que l'on puisse procéder à une opération de ce genre.

L'enseignement spécial secondaire ou supérieur peut être complété par un très-grand nombre d'ouvrages techniques particuliers à des industries déterminées, parmi lesquels je me plairai à citer les Traités relatifs au travail des matières textiles déjà publiés par mon savant élève et ami M. Michel Alcan.

Je viens de faire connaître les idées qui m'ont dirigé dans la rédaction de l'Ouvrage dont je publie aujourd'hui la seconde Partie ; il ne m'appartient pas de les juger. Je dirai seulement que j'ai

cherché à établir l'ordre le plus méthodique possible et les démonstrations les mieux appropriées au but que veulent atteindre
les élèves auxquels je le destine plus particulièrement ; je crois
avoir réussi : les succès que j'ai obtenus jusqu'à ce jour m'auto-
risent à le penser. Je n'ajouterai qu'une seule remarque sur la
manière d'étudier et de lire un Traité de Géométrie. J'engage les
élèves à ne se servir de la figure du livre que pour s'aider à la
reproduire ligne par ligne, point par point, à mesure qu'une construction nouvelle, qu'un nouveau détail est indiqué dans l'expli-
cation ; c'est un moyen sûr de ne s'exposer à aucune confusion et
à ne jamais laisser guider son raisonnement par les apparences de
la figure.

TABLE DES MATIÈRES.

SECONDE PARTIE.

GÉOMÉTRIE DANS L'ESPACE.

CHAPITRE PREMIER.

DE LA DROITE ET DU PLAN.

TABLE DES MATIÈRES.

FIN DE LA TABLE DES MATIÈRES.

GÉOMÉTRIE ÉLÉMENTAIRE.

DEUXIÈME PARTIE.
GÉOMÉTRIE DANS L'ESPACE.

CHAPITRE PREMIER.
DE LA DROITE ET DU PLAN.

§ 1. — Droites et plans perpendiculaires.

327. Il résulte de la définition du plan (n° 10) que *lorsqu'une droite a deux points dans un plan, elle y est contenue tout entière,* quelque loin qu'on la prolonge.

Lorsque la droite n'a qu'un point commun avec le plan, on dit qu'elle *rencontre* le plan en ce point, ou que le plan *coupe* la droite en ce même point.

THÉORÈME I.

328. *La position d'un plan est complétement déterminée lors-qu'il est assujetti à contenir deux droites parallèles ou qui se coupent, une droite et un point extérieur, ou enfin trois points non situés sur une même droite.*

1° Soient deux droites parallèles BC et GH (*fig.* 155). Par défi-nition (n° 50), ces deux droites sont dans un plan; je dis de plus que si nous supposons par ces deux droites deux plans P et P', ils coïncident complétement. En effet, soit A un point du plan P, par ce point menons une droite AB, elle rencontrera nécessairement GH

Fig. 155.

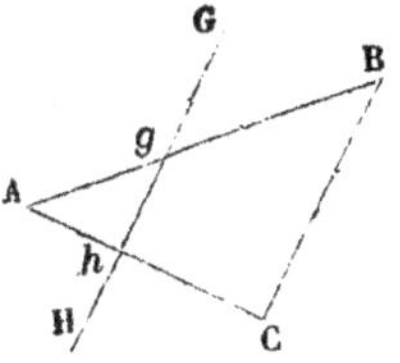

en un point g; cette droite, ayant deux points B et g dans le plan P′, y est tout entière, et par suite le point A du plan P appartient aussi au plan P′. Ces deux plans, ayant tous leurs points communs, coïncident.

2° Si l'on donne deux droites qui se coupent, AB et BC, en menant par g une parallèle à BC, tout plan mené par les deux droites proposées devra contenir les deux parallèles BC et GH; mais ces deux dernières ne peuvent être que dans un seul plan, donc aussi les deux premières ne déterminent qu'un seul plan.

3° et 4° Une droite et un point ou trois points, non en ligne droite, se ramènent immédiatement à deux droites qui se coupent ou qui sont parallèles, et conduisent par conséquent à la même conclusion.

Théorème II.

329. *L'intersection de deux plans est une ligne droite.*

Car ayant pris trois points sur cette intersection s'ils n'étaient pas en ligne droite, ils ne pourraient pas appartenir à la fois à deux plans différents (n° 328).

Fig. 156.

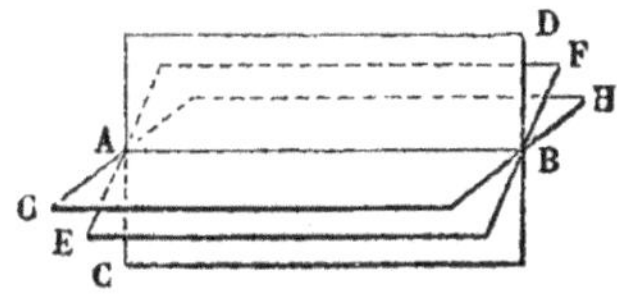

Il est d'ailleurs évident que la même droite peut être l'intersection d'un nombre quelconque de plans (*fig.* 156).

330. Parmi les théorèmes démontrés dans la *Géométrie plane*, il en est dont l'énoncé reste le même lorsqu'on les applique à la *Géométrie dans l'espace;* d'autres, au contraire, ont besoin d'être modifiés, ou cessent complétement d'être vrais. Nous appellerons l'attention du lecteur sur ces circonstances au moyen de renvois.

THÉORÈME III.

331. *Par un point pris sur une droite, on peut élever dans l'espace une infinité de perpendiculaires à cette droite* (n° 24).

Car par la droite donnée AB (*fig.* 156) on peut faire passer une infinité de plans, et dans chacun d'eux on peut élever au point A une perpendiculaire à la droite.

THÉORÈME IV.

332. *Par un point pris hors d'une droite, on ne peut abaisser qu'une seule perpendiculaire à cette droite.*

Car la droite et le point déterminent un plan, dans lequel on ne peut par le point abaisser qu'une seule perpendiculaire à la droite (n° 24).

333. On dit qu'une droite est *perpendiculaire à un plan,* lorsqu'elle est perpendiculaire à toutes les droites qui passent par son pied dans le plan. Le plan est dit aussi *perpendiculaire à la droite.*

334. Pour faire voir qu'il existe des droites remplissant les conditions de cette définition, remarquons d'abord que si en un point d'une droite on élève deux perpendiculaires, elles détermineront un plan (n° 328), et la droite donnée sera déjà perpendiculaire à deux droites passant par son pied dans le plan. Je dis maintenant que :

THÉORÈME V.

335. *Si une droite est perpendiculaire à deux autres, qui passent par son pied dans un plan, elle est perpendiculaire au plan.*

Soit un plan P (*fig.* 157) et une droite AB perpendiculaire aux deux droites BC et BD passant par son pied dans le plan, je dis qu'elle est aussi perpendiculaire à une autre droite quelconque BI passant par son pied dans le plan.

Fig. 157.

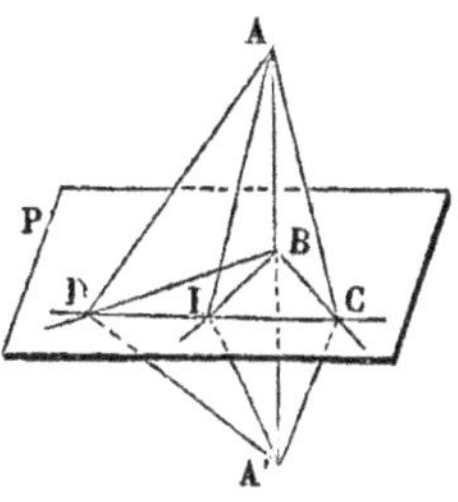

En effet, je coupe les trois droites BC, BD et BI par une droite DC, je prends sur AB deux longueurs égales AB et BA′, et j'unis les points A et A′ aux trois points C, D et I. Dans le plan ACA′ nous avons CA = CA′ (n° 35) comme obliques s'écartant également du pied de la perpendiculaire CB; par la même raison DA = DA′, et à cause du côté commun CD les deux triangles ACD et A′CD sont égaux (n° 146). Si donc nous faisons tourner le triangle A′CD autour de CD, il viendra coïncider avec ACD et la droite A′I viendra s'appliquer sur AI; donc le point I est également distant des points A et A′ et par suite IB est perpendiculaire sur AA′, ou inversement AB est perpendiculaire sur BI.

Théorème VI.

336. *Toutes les perpendiculaires élevées au même point d'une droite sont dans un même plan.*

En effet, soit la droite AB et les trois perpendiculaires BC, BD, BI : les deux premières déterminent un plan P, qui sera coupé par le plan ABI suivant une perpendiculaire à AB, et par conséquent suivant BI; donc BI est dans le plan P; il en sera de même de toutes les autres perpendiculaires élevées au point B de AB.

Théorème VII.

337. *Par un point donné, on peut faire passer un plan perpendiculaire à une droite donnée, et l'on ne peut en faire passer qu'un.*

1° Si le point est sur la droite en B, le plan qui contient toutes les perpendiculaires à cette droite lui est perpendiculaire, et comme d'ailleurs si un plan est perpendiculaire à la droite, il doit contenir ces mêmes perpendiculaires à la droite, il ne peut y avoir qu'un seul plan perpendiculaire à la droite AB au point B.

2° Si le point donné C est hors de la droite AB, en abaissant CB perpendiculaire sur AB, puis en B un plan perpendiculaire à AB, il contiendra CB, et par conséquent le point C. D'ailleurs tout plan perpendiculaire à la droite AB et mené par le point C doit contenir CB; donc il n'y a qu'un seul plan qui remplisse ces conditions.

<h3 style="text-align:center">THÉORÈME VIII.</h3>

338. *Tout point pris sur le plan perpendiculaire au milieu d'une droite est également distant des extrémités de cette droite, et tout point pris hors de ce plan est plus rapproché de l'extrémité de la droite située du même côté que lui* (nᵒˢ 39 et 40).

Car si le plan P (*fig.* 158) est perpendiculaire sur le milieu O

Fig. 158.

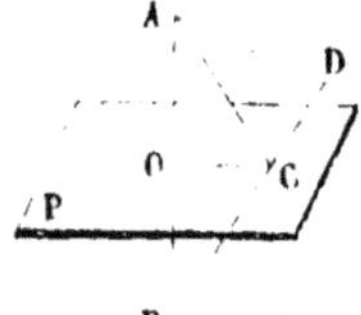

de la droite AB : 1° la droite CO, située sur le plan P, est perpendiculaire sur le milieu de AB (nᵒ 333), et par suite les obliques CA et CB sont égales.

2° Si le point D est en dehors du plan P et du même côté que l'extrémité A de la droite AB, la droite DB traverse le plan P en un point C, d'où, menant CO, elle est perpendiculaire sur le milieu de AB, et par suite DA est plus courte que DB.

339. Il résulte de là que tout point également distant des extrémités A et B est situé sur le plan P, et par conséquent *le plan perpendiculaire sur le milieu d'une droite est le lieu géométrique de tous les points de l'espace également distants des extrémités de cette droite* (nᵒ 42).

1.

THÉORÈME IX.

340. *Par un point donné, on peut toujours mener une droite perpendiculaire à un plan donné, et l'on ne peut en mener qu'une.*

1° Si le point B (*fig.* 159). (*fig.* 160) est donné sur le plan P.

Fig. 159.   Fig. 160.

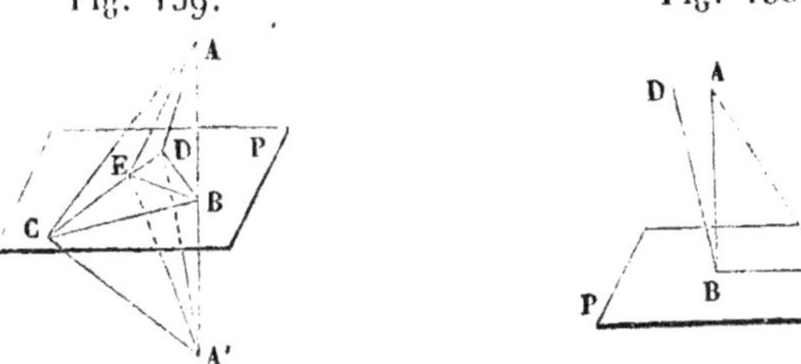

menons dans ce plan une droite CD, et par le point B faisons passer un plan perpendiculaire sur CD (n° 337), lequel coupera le plan P suivant BD perpendiculaire à CD; enfin dans ce plan menons AB perpendiculaire sur BD, et je dis que cette droite est perpendiculaire au plan P. En effet, prenons BA' = BA, unissons AD et A'D : ces droites sont égales, comme obliques s'écartant également du pied de la perpendiculaire BD; de plus, elles sont perpendiculaires sur CD (n° 333). Unissons un autre point C de CD aux points A et A', les triangles ACD et A'CD sont rectangles en D, ils ont le côté CD commun et AD = A'D, donc ils sont égaux (n° 145); on en conclut AC = A'C, d'où résulte que BC est perpendiculaire sur AA'. Donc enfin la droite AB perpendiculaire sur les deux droites BC et BD, qui passent par son pied dans le plan P, est perpendiculaire à ce plan (n° 335).

Une autre droite BD menée par le point B (*fig.* 160) déterminera avec AB un plan coupant le plan P suivant BC, par exemple; or AB étant dans ce plan perpendiculaire sur BC, l'autre droite BD ne peut pas l'être (n° 24); donc elle n'est pas perpendiculaire au plan P.

2° Si le point A (*fig.* 159) est donné en dehors du plan P, menons dans ce plan une droite quelconque CD, et par le point A une droite AD perpendiculaire sur CD; menons aussi dans le plan P la droite BD perpendiculaire sur DC, et enfin du point A abaissons une perpendiculaire sur BD, je dis qu'elle est perpendiculaire au plan P. Si cette droite coïncide avec AD, la conclusion est évidente, puisque alors AD est perpendiculaire à la fois aux deux droites BD et CD. Si la perpendiculaire AB est distincte de AD, on démontrera, comme dans le premier cas, que AB, déjà perpendiculaire sur BD, est aussi perpendiculaire sur BC, en remarquant que les deux droites AD et BD déterminent un plan perpendiculaire sur CD.

Si du point A nous menons une autre droite AE, elle détermine avec AB un plan qui coupe le plan P suivant BE; or AB est perpendiculaire sur BE, donc AE ne l'est pas, et par conséquent elle n'est pas perpendiculaire au plan P.

341. Le pied de la perpendiculaire abaissée d'un point sur un plan est dit *la projection* de ce point sur le plan.

342. En général la projection d'une figure quelconque sur un plan est le lieu des pieds des perpendiculaires abaissées des divers points de la figure sur le plan (*fig.* 161).

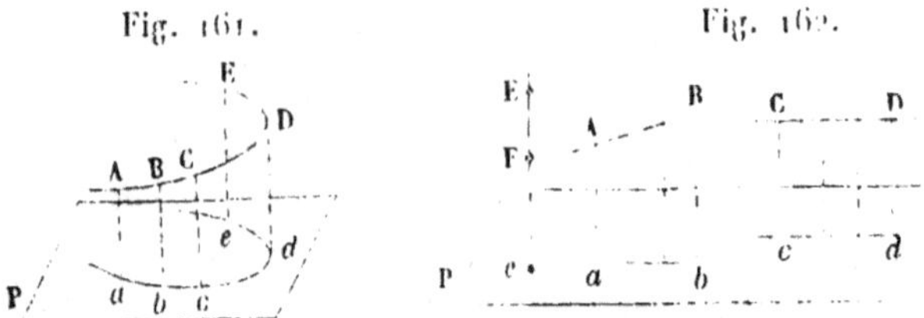

Fig. 161.   Fig. 162.

THÉORÈME X.

343. *La projection d'une ligne droite sur un plan est une ligne droite.*

En effet, si d'un point quelconque de AD (*fig.* 159) on veut abaisser une perpendiculaire sur le plan P, on pourra choisir CD perpendiculaire sur AD; puis menant BD perpendiculaire à CD, la perpendiculaire au plan P le rencontrera toujours en un point de BD (n° 340); donc la droite BD est la projection de AD.

Pour avoir la projection d'une droite sur un plan P (*fig.* 162), il suffira de mener deux perpendiculaires A*a* et B*b*, ou C*c* et D*d* sur le plan P et d'unir leurs pieds.

Si la droite EF est elle-même perpendiculaire au plan P, sa projection sur ce plan se réduit au point *e*, intersection de EF et du plan.

THÉORÈME XI.

344. *Deux droites perpendiculaires à un même plan sont parallèles* (n° 51).

Soient AB et CD (*fig.* 163) deux perpendiculaires au plan P, si je les coupe par une oblique DE, les pieds A et C des perpendicu-

Fig. 163.

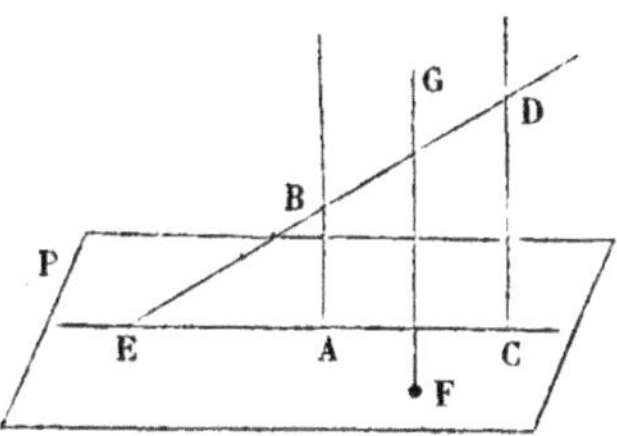

laires et le pied E de l'oblique appartiennent à la projection de cette oblique (n° 343) ; mais les quatre droites sont dans un même plan, et AB et CD sont perpendiculaires à la même droite CE ; donc elles sont parallèles (n° 51).

THÉORÈME XII.

345. *Si deux droites sont parallèles, tout plan perpendiculaire à l'une est aussi perpendiculaire à l'autre.*

En effet, soient les droites AB et CD parallèles et le plan P perpendiculaire à la droite CD, la perpendiculaire au plan P menée par le point A doit être parallèle à CD ; elle coïncidera donc avec AB (n° 52).

346. Il résulte des deux derniers théorèmes que si deux droites sont l'une perpendiculaire et l'autre oblique à un même plan, ces deux droites ne sont pas parallèles ; mais il ne faudrait pas conclure de là, comme dans la géométrie plane, que ces deux droites iront se rencontrer.

THÉORÈME XIII.

347. *Deux droites parallèles à une troisième sont parallèles entre elles* (n° 54).

Soient AB et CD parallèles à la même droite FG, les trois droites n'étant pas situées dans un même plan. Menons un plan P perpendiculaire à la droite FG, il sera aussi perpendiculaire aux deux droites AB et CD (n° 345) ; donc ces deux dernières droites sont parallèles (n° 344).

Théorème XIV.

348. *Si par un point pris hors d'un plan on abaisse sur ce plan la perpendiculaire et diverses obliques :*

1° La perpendiculaire est plus courte que toute oblique ;

2° Deux obliques qui s'écartent également du pied de la perpendiculaire sont égales, et font avec elle des angles égaux ;

3° De deux obliques qui s'écartent inégalement du pied de la perpendiculaire, celle qui s'écarte le plus est plus grande (n° 35).

Soient le plan P (*fig.* 164), la perpendiculaire AB et diverses obliques AC, AD, AE.

Fig. 164.

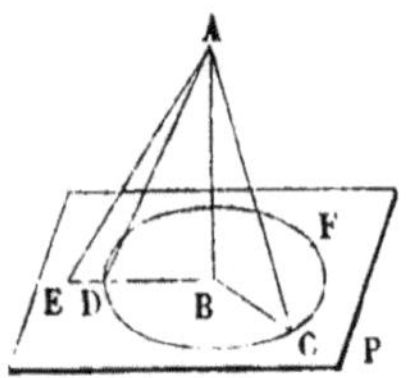

1° Dans le plan ABC, la perpendiculaire AB sur BC est plus courte que l'oblique AC (n° 35) ;

2° Les triangles ABC et ABD, rectangles en B, ont le côté AB commun et les côtés égaux BC, BD ; donc ils sont égaux (n° 145), et

$$AC = AD \quad et \quad BAC = BAD ;$$

3° Si BE est plus grande que BC, je prends BD = BC et j'unis AD ; alors dans le plan ABE l'oblique AE s'écarte plus que AD du pied de la perpendiculaire AB ; donc AE est plus grande que AD ou que son égale AC.

349. Les réciproques de ces trois propositions peuvent être admises comme celles correspondantes de la géométrie plane, et d'ailleurs on les démontrerait exactement de la même manière.

350. La perpendiculaire abaissée d'un point sur un plan mesure la plus courte distance, ou simplement *la distance* du point au plan, et inversement la distance du plan au point.

351. Les pieds de toutes les obliques égales menées du point A au plan P sont situés sur une circonférence de cercle ayant son centre au point B. Cette remarque peut fournir un moyen de construire la perpendiculaire abaissée du point A sur le plan P.

352. Tous les points de la droite AB jouissent, comme le centre B, de la propriété d'être également distants des divers points de la circonférence et peuvent servir à la décrire.

Théorème XV.

353. *L'angle aigu qu'une oblique à un plan fait avec sa projection sur ce plan est plus petit que l'angle qu'elle fait avec toute autre droite menée par son pied dans le plan.*

Par conséquent l'angle obtus que l'oblique fait avec sa projection est alors plus grand que l'angle qu'elle fait avec toute autre droite menée par son pied.

Soient le plan P (*fig.* 165), l'oblique AB et sa projection BC que

Fig. 165.

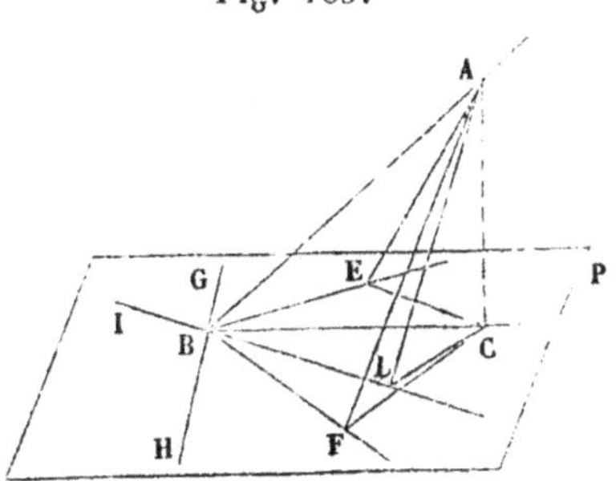

nous obtenons en abaissant d'un point quelconque A la perpendiculaire AC sur le plan P. Je mène dans le plan P une droite quelconque BD sur laquelle je prends BD = BC et j'unis AD. L'oblique AD est plus grande que la perpendiculaire AC, d'ailleurs BD = BC et AB est un côté commun aux deux triangles ABC et ABD; donc (n° 148)

$$\text{angle ABC} < \text{angle ABD}.$$

354. L'angle aigu ABC qu'une oblique fait avec sa projection sur un plan est dit, par cette raison, *l'angle de la droite et du plan.*

THÉORÈME XVI.

355. *Si deux droites menées par le pied d'une oblique à un plan font des angles égaux avec la projection, elles font aussi des angles égaux avec l'oblique.*

En effet, ayant abaissé une perpendiculaire AC sur le plan, je prends sur les deux droites BD = BE, et j'unis CD et CE. Je forme ainsi deux triangles BCD et BCE égaux, comme ayant un angle égal compris entre deux côtés égaux chacun à chacun, savoir : les angles en B égaux par hypothèse, le côté BC commun, et BD = BE par construction ; donc CD = CE.

Unissant alors AD et AE, ces droites sont égales, comme obliques s'écartant également du pied de la perpendiculaire AC (n° 348). Par suite les triangles ABD et ABE sont égaux, comme ayant les trois côtés égaux chacun à chacun, et par conséquent

$$\text{angle ABD} = \text{angle ABE}.$$

356. Les droites menées dans le plan P peuvent former avec BC des angles droits ; alors elles coïncident, et nous aurons l'énoncé particulier suivant :

THÉORÈME XVII.

Si par le pied B d'une oblique AB on mène dans le plan P une perpendiculaire GH à la projection BC de l'oblique, elle est aussi perpendiculaire à l'oblique AB.

THÉORÈME XVIII.

357. *Si dans un plan et par le pied d'une oblique on mène deux droites faisant avec la projection des angles aigus inégaux, celle qui fait avec la projection le plus grand angle fait aussi avec l'oblique un plus grand angle.*

Soient l'oblique AB, sa projection BC et les droites BE et BF, telles que l'angle aigu CBF soit plus grand que l'angle aigu CBE, je dis que l'angle ABF est plus grand que l'angle ABE.

En effet, abaissons AC perpendiculaire sur le plan P, prenons BE = BF et unissons CE et CF ; les triangles CBE et CBF ont le côté BC commun, les côtés BE = BF et l'angle CBF > CBE ; donc le côté CF est > CE (n° 118).

Unissons AE et AF, nous aurons AF $>$ AE (n° 348), les triangles ABF et ABE ont en outre le côté AB commun et BF $=$ BE ; donc

$$\text{angle ABF} > \text{angle ABE.}$$

358. Ce théorème combiné avec le précédent prouve que toute droite BD, qui fait avec la projection un angle aigu, fait aussi avec l'oblique un angle aigu. Mais si une droite BI fait avec la projection un angle CBI obtus, elle fait aussi avec l'oblique un angle ABI obtus ; car en prolongeant IB, l'angle ABD est aigu ; donc son supplément ABI est obtus.

359. Nous pouvons conclure les réciproques suivantes :

1° *Si une droite dans le plan fait avec l'oblique un angle plus petit que celui fait par toute autre droite, elle est la projection de l'oblique.*

2° *Si deux droites font avec l'oblique des angles égaux, elles font aussi des angles égaux avec la projection de l'oblique. De plus ces angles sont de même nature.*

3° *Si une droite dans le plan est perpendiculaire à l'oblique, elle est aussi perpendiculaire à sa projection.*

4° *Si, dans un plan et par le pied d'une oblique, on mène deux droites faisant avec elle des angles aigus inégaux, celle qui fait avec l'oblique le plus grand angle fait aussi avec sa projection un plus grand angle.*

360. Il résulte de ces mêmes théorèmes que :

1° *Sur un plan et par le pied d'une oblique on ne peut pas mener trois droites faisant avec l'oblique des angles égaux.* Car de ces trois droites BD, BE, BF (*fig.* 165) deux au moins sont du même côté de la projection BC, et font avec elle des angles inégaux ; donc elles font aussi des angles inégaux avec l'oblique.

2° *Si une droite fait des angles égaux avec trois droites passant par son pied dans un plan, ces angles sont droits et la droite est perpendiculaire au plan ;* puisque, si elle était oblique, les trois angles ne pourraient pas être égaux.

3° *Si trois droites font avec une quatrième, au même point et du même côté, des angles égaux différents de l'angle droit, ces trois droites ne sont pas dans un même plan.*

§ II. — Droites et plans parallèles.

361. Une droite et un plan, ou deux plans, sont dits *parallèles* lorsque, prolongés indéfiniment, ils ne peuvent jamais se rencontrer.

362. Il résulte de cette définition que deux droites situées dans des plans parallèles ne pourront jamais se rencontrer; si donc ces deux droites sont sur un même plan, elles seront parallèles; donc:

THÉORÈME XIX.

Deux plans parallèles sont coupés par un troisième suivant des droites parallèles.

Mais deux plans coupés par un troisième suivant des droites parallèles ne sont pas toujours parallèles.

THÉORÈME XX.

363. *Si une droite située hors d'un plan est parallèle à une seconde droite située dans ce plan, elle est parallèle au plan.*

Soient le plan P (*fig.* 166), la droite CD, située dans le plan, et

Fig. 166.

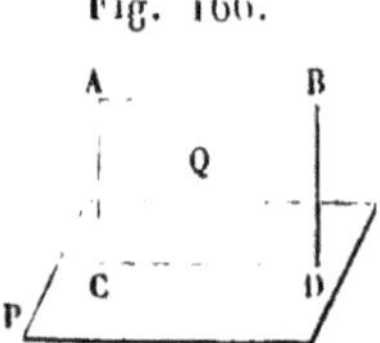

la droite extérieure AB parallèle à CD. Les droites AB et CD déterminent un plan qui coupe le plan P suivant CD; si la droite AB rencontrait le plan P, ce ne pourrait être qu'en un point de CD; mais AB ne rencontre pas CD; donc elle ne rencontre pas le plan P et lui est parallèle.

THÉORÈME XXI.

364. *Si par une droite parallèle à un plan on fait passer un second plan, il coupe toujours le premier suivant une parallèle à la droite.*

Car la droite AB et l'intersection CD des plans P et Q sont dans un même plan et ne peuvent pas se rencontrer ; donc elles sont parallèles (n° 50).

365. Si le plan Q a été déterminé par la droite AB et une perpendiculaire AC sur le plan P, l'intersection CD est la projection de AB sur le plan P (n° 343), et il en résulte le théorème suivant :

THÉORÈME XXII.

Si une droite est parallèle à un plan, elle est parallèle à sa projection sur ce plan.

366. Si, des divers points de la droite AB, nous abaissons des perpendiculaires AC, BD, etc., sur le plan P, elles sont toutes perpendiculaires à la projection CD et en même temps à la droite AB ; donc elles sont égales et on en conclut :

THÉORÈME XXIII.

Tous les points d'une parallèle à un plan sont à égale distance de ce plan.

THÉORÈME XXIV.

367. *Si une droite est parallèle à un plan, toute parallèle à cette droite menée par un point du plan y est entièrement contenue.*

Car la droite AB et le point C déterminent un plan Q qui coupe le plan P suivant une droite CD parallèle à AB (n° 364).

THÉORÈME XXV.

368. *Si une droite est parallèle à la fois à deux plans, elle est parallèle à leur intersection.*

Car, si d'un point de cette intersection on veut mener une parallèle à la droite, elle devra se trouver dans les deux plans.

THÉORÈME XXVI.

369. *Si deux droites sont perpendiculaires entre elles, tout plan perpendiculaire à l'une est en même temps parallèle à l'autre.*

Soient les droites AB et AC (*fig.* 167) perpendiculaires entre elles, et le plan P perpendiculaire sur AB; les droites AB et AC

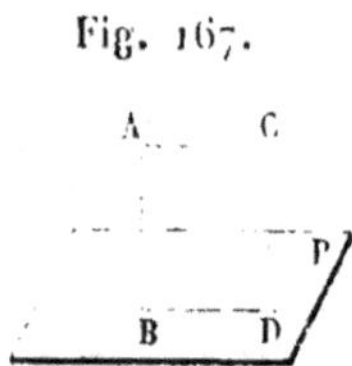

Fig. 167.

déterminent un plan qui coupe le plan P suivant BD perpendiculaire à AB (n° 333), et par conséquent parallèle à AC (n° 51); donc AC est parallèle au plan P (n° 363), ou le plan P parallèle à AC.

370. Mais tout plan parallèle à AC ne serait pas pour cela perpendiculaire sur AB, parce que la direction d'un plan n'est pas déterminée par la condition d'être parallèle à une droite. Nous avons vu, en effet (n° 368), que deux plans qui se coupent peuvent néanmoins être parallèles à la même droite. Un plan ne serait pas déterminé par la condition d'être parallèle à deux droites parallèles entre elles, car il est évident que *si deux droites* AB *et* CD (*fig.* 168) *sont parallèles, tout plan* P, *parallèle à l'une, est aussi parallèle à l'autre.*

Fig. 168.

THÉORÈME XXVII.

371. *Si, par deux droites parallèles et un même point quelconque, on fait passer deux plans distincts, leur intersection est parallèle aux deux droites.*

En effet, ayant mené un plan P (*fig.* 169) par l'une des droites AD

Fig. 169.

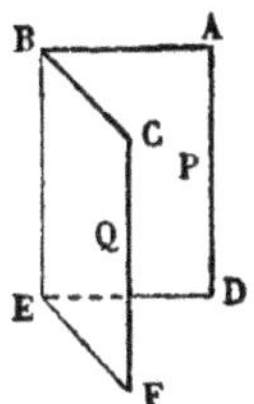

et le point B, la seconde droite CF est parallèle à ce plan (n° 363);
donc le plan Q, mené par CF et le point B, coupe le plan P suivant
une droite BE parallèle à CF (n° 364), et aussi à AD (n° 347).

Théorème XXVIII.

372. *Si deux plans non parallèles sont coupés par un troisième
suivant deux droites parallèles, leur intersection est parallèle au
troisième plan.*

Car les deux plans donnés peuvent être considérés comme menés par les deux droites parallèles et un point de leur intersection;
donc alors cette intersection est parallèle aux deux droites (n° 371)
et par conséquent à leur plan.

Théorème XXIX.

373. *Deux plans perpendiculaires à une même droite sont parallèles.*

En effet, s'ils se rencontraient, on aurait d'un même point de
leur intersection deux plans perpendiculaires à la même droite, ce
qui ne peut pas être (n° 337).

Théorème XXX.

374. *Si deux droites qui se coupent sont respectivement parallèles à deux autres droites qui se coupent, le plan des deux premières est parallèle au plan des deux dernières, et, de plus, les
angles formés par les deux premières sont égaux chacun à chacun
aux angles formés par les deux autres (n° 59).*

Soient les deux droites AB et AC (*fig.* 170), qui se coupent au point A et déterminent un plan P; soient ensuite les deux droites

Fig. 170.

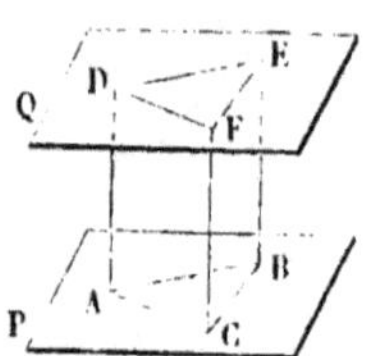

DE et DF respectivement parallèles aux deux premières et qui déterminent un second plan Q.

1° Les plans P et Q, étant menés par deux droites parallèles AB et DE, ne pourraient se couper que suivant une parallèle à ces droites (n° 371), donc parallèle à AB. Par la même raison, l'intersection des plans P et Q devrait être parallèle à AC; mais, par le point A, on ne peut pas mener deux parallèles à l'intersection (n° 52); donc cette intersection n'existe pas, et les plans P et Q sont parallèles.

2° Sur les droites parallèles et du même côté je prends AB = DE et AC = DF; j'unis AD, BE, CF, BC et EF. Les figures planes ABED et ACFD, ayant deux côtés opposés égaux et parallèles, sont des parallélogrammes; donc BE et CF sont égales et parallèles à AD, et par suite égales et parallèles entre elles (n°ˢ 13 et 347). Il résulte de là que la figure BCFE est aussi un parallélogramme, et l'on en conclut BC = EF.

Alors les deux triangles BAC et DEF ont les trois côtés égaux chacun à chacun et sont égaux (n° 146); donc

$$\text{angle BAC} = \text{angle EDF}.$$

Les autres angles formés par les droites prolongées sont aussi égaux chacun à chacun, et deux angles d'espèce différente, c'est-à-dire l'un aigu et l'autre obtus, sont supplémentaires.

Théorème XXXI.

375. *Deux plans parallèles ont leur perpendiculaire commune* (n° 53).

Soient les plans parallèles P et Q (*fig.* 171) et la droite AB perpendiculaire au plan P; cette droite rencontre le plan Q en un

Fig. 171.

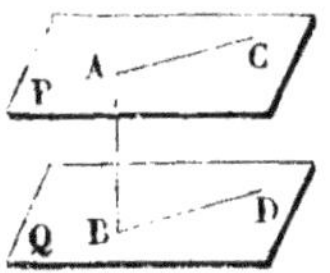

point B (n° 370), par lequel, dans le plan Q, je fais passer une droite quelconque BD; le plan déterminé par AB et BD coupe les plans parallèles P et Q suivant les droites parallèles AC et BD (n° 362); mais AB est perpendiculaire au plan P, et par conséquent à la droite AC; donc elle est aussi perpendiculaire à BD.

La droite AB est perpendiculaire à une droite quelconque menée par son pied dans le plan Q; donc elle est perpendiculaire à ce plan.

376. De là on peut conclure immédiatement que :

1° *Par un point donné on peut toujours faire passer un plan parallèle à un plan donné, et l'on ne peut en faire passer qu'un* (n° 52).

2° *Deux plans parallèles à un troisième sont parallèles entre eux* (n° 54).

3° *Deux plans, l'un perpendiculaire et l'autre oblique à une même droite, vont nécessairement se couper.*

4° *Deux plans, respectivement perpendiculaires à deux droites non parallèles, se coupent nécessairement.*

THÉORÈME XXXII.

377. *Si deux droites ne sont pas situées dans un même plan, on peut toujours faire passer deux plans, un par chaque droite, qui soient parallèles, et l'on ne peut en faire passer que deux.*

1° Soient les droites AB, DF (*fig.* 170) qui ne peuvent pas être placées sur un même plan; par un point de AB menons AC parallèle à DF, nous obtiendrons un plan P; par un point D de DF menons DE parallèle à AB, nous obtiendrons un second plan Q. Les deux plans P et Q ainsi obtenus sont parallèles (n° 374).

2° Concevons deux plans parallèles P′ et Q′ conduits respectivement par les droites AB et DF, le plan (AB, D) coupera ces deux plans suivant des droites parallèles; or il coupe le plan P′ suivant AB; donc il coupera le plan Q′ suivant DE, et alors les plans Q et Q′ coïncident comme étant menés par les mêmes droites DE et DF. Donc aussi les plans P et P′ coïncident. Donc enfin les plans P et Q sont les seuls plans parallèles que l'on puisse mener par les droites AB et DF.

THÉORÈME XXXIII.

378. *Par un point donné on peut toujours faire passer un plan parallèle à la fois à deux droites non situées dans un même plan, et l'on ne peut en faire passer qu'un.*

En effet :

1° En menant par le point donné une parallèle à chacune des deux droites données, elles détermineront le plan de l'énoncé.

2° Comme dans le théorème précédent, on démontrera qu'un plan parallèle aux droites contiendra toujours les deux parallèles précédentes. Par conséquent on ne peut avoir qu'un plan remplissant les conditions de la question.

379. Par un autre point on pourrait aussi faire passer un plan parallèle aux deux droites, et ce plan serait parallèle au précédent (n° 374).

THÉORÈME XXXIV.

380. *Les droites parallèles comprises entre deux plans parallèles sont égales.*

En effet, soient les droites parallèles AD, BE, CF,... (*fig.* 170) comprises entre les plans parallèles P et Q. Les deux droites AD et BE déterminent un plan qui coupe les plans P et Q suivant des droites parallèles AB et DE. La figure ABED est donc un parallélogramme, et par conséquent AD = BE. On trouvera de même que AD est égale à chacune des autres; donc enfin

$$AD = BE = CF = \dots.$$

381. Si les droites AD, BE,... sont perpendiculaires aux deux plans P et Q, elles mesurent leur distance en divers points; donc :

THÉORÈME XXXV.

Deux plans parallèles sont partout également distants.

Théorème XXXVI.

382. *Si, par tous les points d'un plan et du même côté, on mène des parallèles d'égale longueur, leurs extrémités sont situées sur un second plan parallèle au premier.*

Par trois points A, B, C du plan P non situés sur la même droite, menons les parallèles égales AD, BE, CF; les trois points D, E, F déterminent un plan Q que je dis être parallèle au plan P. En effet, les droites AD et BE étant égales et parallèles, la figure ABED est un parallélogramme et DE est parallèle à AB. Par une même raison, DF est parallèle à AC; donc le plan Q est parallèle au plan P (n° 374). En combinant AD avec deux autres parallèles, on obtiendra encore un plan parallèle au plan P et mené par le point D; donc ce plan ne sera autre que le plan Q. Donc enfin les extrémités de toutes les parallèles sont dans ce même plan Q.

383. Ce théorème, réciproque du trente-quatrième, exige que l'on considère au moins trois parallèles menées par trois points du plan P non en ligne droite, afin d'avoir trois autres points D, E, F nécessaires pour déterminer le plan Q. Nous allons voir bientôt (n° 386) une autre réciproque présentant une circonstance pareille.

Théorème XXXVII.

384. *Des droites quelconques sont coupées par une série de plans parallèles en parties proportionnelles* (n° 193).

Fig. 172.

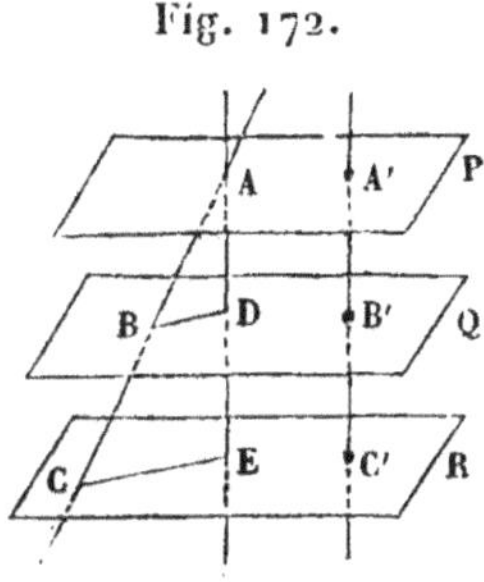

Soient les droites AC et A'C' (*fig.* 172), coupées par les plans parallèles P, Q, R. Si les droites AC et A'C' sont dans un même plan, le théorème est déjà démontré (n° 193). Nous supposerons donc qu'elles ne sont pas dans le même plan. Menons AE parallèle à A'C'. Le plan ACE coupe les plans Q et R suivant les parallèles BD et CE, et l'on a (n° 196) :

$$\frac{AB}{BC} = \frac{AD}{DE}.$$

Mais AD = A'B' et DE = B'C' (n° 380); donc

$$\frac{AB}{BC} = \frac{A'B'}{B'C'}.$$

Si l'on avait un plus grand nombre de droites, les deux parties de chacune d'elles fourniraient un rapport égal aux précédents.

385. Si, en ne considérant que deux droites, on augmente le nombre des plans parallèles, on pourra changer l'ordre des moyens et écrire :

$$\frac{AB}{A'B'} = \frac{BC}{B'C'},$$

c'est-à-dire que les rapports des parties de ces droites comprises entre les deux mêmes plans sont tous égaux entre eux.

Théorème XXXVIII.

386. *Si trois, ou un plus grand nombre de droites non situées dans un même plan, mais comprises entre deux plans parallèles, sont coupées par un troisième plan en parties proportionnelles, ce troisième plan est parallèle aux deux premiers.*

En effet, soient les trois droites AB, CD, EF (*fig.* 173) comprises entre les plans parallèles P et R, et coupées par le plan Q de manière que l'on ait

$$\frac{AG}{GB} = \frac{CH}{HD} = \frac{EI}{IF}.$$

Nous pourrons toujours, par le point G, faire passer un plan parallèle aux plans P et R; je le désignerai pour le moment par Q'; ce plan coupera les autres droites en des points que je nommerai H' et I'. Les trois plans P, Q', R étant parallèles, nous aurons la suite de rapports égaux

$$\frac{AG}{GB} = \frac{CH'}{H'D} = \frac{EI'}{I'F},$$

qui a un rapport commun avec la précédente; les autres rapports

Fig. 173.

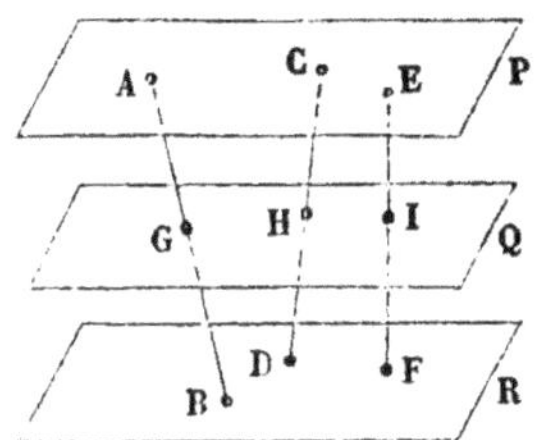

fourniront donc les deux proportions

$$\frac{CH}{HD} = \frac{CH'}{H'D}, \quad \frac{EI}{IF} = \frac{EI'}{I'F},$$

d'où l'on tire (*Algèbre,* n° 144, 1°) :

$$\frac{CD}{CH} = \frac{CD}{CH'}, \quad \frac{EF}{EI} = \frac{EF}{EI'},$$

et. par conséquent,

$$CH' = CH, \quad EI', = EI.$$

Les points H′ et I′ coïncidant avec les deux points H et I, les deux plans Q et Q′ passent par les trois mêmes points G, H, I et coïncident (n° 328).

Théorème XXXIX.

387. *Si deux droites ne sont pas situées dans un même plan : 1° elles ont une perpendiculaire commune; 2° elles n'en ont qu'une; 3° cette perpendiculaire est plus courte que toute autre ligne comprise entre les deux droites.*

1° Soient les droites AB et CD (*fig.* 174) : par un point A de AB menons AE parallèle à CD, les droites AB et AE déterminent un plan P, sur lequel nous pourrons toujours d'un point D de CD abaisser une perpendiculaire Dd (n° 340). Les droites CD et Dd déterminent un plan, qui coupe le plan P suivant cd parallèle à CD

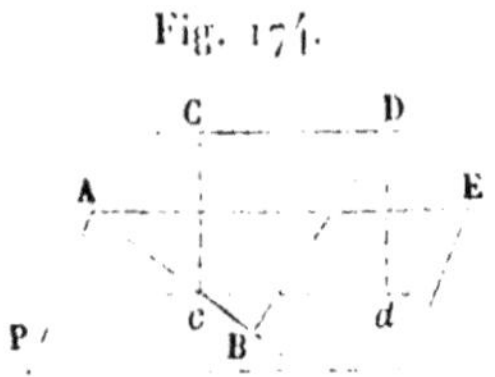

Fig. 174.

(n° 364) et aussi à AE (n° 347). Par le point c où cd rencontre AB menons Cc parallèle à Dd: elle rencontrera CD, et je dis que Cc est perpendiculaire à la fois aux deux droites AB et CD.

En effet, Cc étant parallèle à Dd est perpendiculaire au plan P (n° 345), donc elle est perpendiculaire à AB et à cd et par conséquent à sa parallèle CD.

2° Une autre droite DB n'est pas perpendiculaire à AB et à CD, car la perpendiculaire abaissée du point D sur le plan P est parallèle à Cc, et par conséquent contenue dans le plan DCcd; donc elle a son pied sur cd en d, donc DB est oblique au plan et par suite ne peut pas être perpendiculaire à la fois à la droite AB et à une parallèle à CD menée par B, ou à AB et CD.

3° La droite Cc est plus courte que toute autre ligne comprise entre AB et CD. Si la ligne comparée à Cc n'est pas droite, elle est plus grande que la droite qui unit ses extrémités ; il suffit donc de prouver que Cc est plus courte que toute autre droite comprise entre AB et CD, telle que DB. En effet, en abaissant Dd perpendiculaire au plan P, elle est plus courte que l'oblique DB (n° 348); mais Cc = Dd (n° 366); donc Cc est plus courte que DB.

§ III. — Angles formés par des plans.

388. La figure formée par deux plans qui se coupent et qui se terminent à leur intersection a reçu le nom d'*angle dièdre*. Telle est la figure formée par les plans P et Q (*fig.* 175).

L'intersection des deux plans, ou la droite indéfinie BE, est l'*arête* de l'angle dièdre. Les plans P et Q, indéfinis chacun d'un seul côté de l'arête, sont les *faces* de l'angle dièdre.

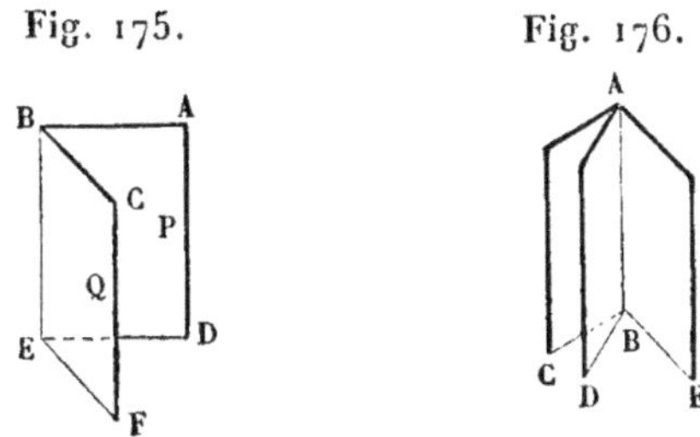

Fig. 175. Fig. 176.

389. Un angle dièdre isolé peut se lire par son arête, ainsi l'angle dièdre BE désigne l'angle formé par les plans P et Q. Lorsque les plans ou faces d'un angle dièdre sont désignés par une lettre, il nous arrivera quelquefois de désigner cet angle dièdre par les lettres des deux plans entre parenthèses et séparées par une virgule; ainsi nous dirons l'angle dièdre (P, Q). Mais la lecture la plus usuelle est par quatre lettres, dont deux sur l'arête, que l'on met au milieu et une sur chaque plan en dehors de cette arête; ainsi on dit l'*angle dièdre* ABEC, abréviation de l'expression : *angle dièdre formé par les plans* ABE, BEC.

390. Si deux angles dièdres ont la même arête, une face commune et sont situés de part et d'autre de cette face, nous les nommerons *angles dièdres consécutifs*.

Tels sont les angles CABD et DABE (*fig.* 176).

391. Deux angles dièdres sont égaux, lorsqu'ils peuvent coïncider. Alors les espaces compris entre leurs faces coïncident. Les angles dièdres sont donc plus ou moins grands, suivant qu'ils comprennent entre leurs faces des portions plus ou moins grandes de l'espace.

C'est pourquoi l'angle CABE est dit la *somme* des angles dièdres consécutifs CABD et DABE. Si ces deux derniers angles sont égaux, l'angle total sera *double* de l'un d'eux, et ainsi de suite.

392. Lorsqu'un plan indéfini QQ' (*fig.* 177) est coupé par un autre plan P, qui se termine à son intersection avec le premier, il forme avec celui-ci deux angles consécutifs, auxquels nous réserverons le nom particulier d'*angles dièdres adjacents*. Tels sont les angles PABQ et PABQ'.

393. Si les angles adjacents sont égaux, ils prennent le nom d'*angles dièdres droits,* et les deux plans qui les forment sont dits

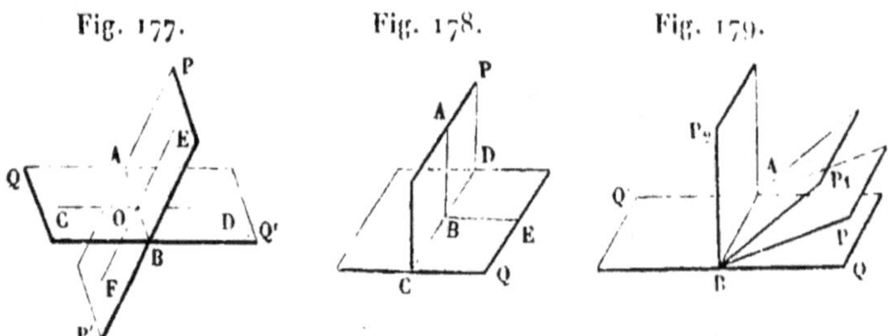

perpendiculaires entre eux. Tels sont les plans P et Q (*fig.* 178).

394. Quelle que soit la direction du plan P considéré (*fig.* 179), il fera avec le plan Q deux angles adjacents renfermant ensemble entre leurs faces le même espace, d'où nous pouvons conclure que :

Théorème XL.

La somme de deux angles dièdres adjacents vaut toujours deux angles droits.

395. Il est évident d'ailleurs que deux couples de plans perpendiculaires peuvent se superposer, d'où l'on conclut que :

Théorème XLI.

Tous les angles dièdres droits sont égaux.

396. Les angles dièdres plus petits que l'angle droit sont *aigus,* et ceux plus grands que l'angle droit sont *obtus.*

397. Lorsque les deux plans qui se coupent, PP′ et QQ′ (*fig.* 177), se prolongent indéfiniment des deux côtés de l'arête AB, ils forment quatre angles dièdres. On donne le nom d'*angles dièdres opposés par l'arête* à ceux tels que PABQ′ et P′ABQ dont les faces de l'un sont les prolongements des faces de l'autre.

Les angles formés autour de l'arête sont aussi adjacents deux à deux.

Théorème XLII.

398. *Deux angles opposés par l'arête sont égaux,* car les deux angles PABQ′ et P′ABQ sont l'un et l'autre adjacents à l'angle PABQ, et par conséquent supplémentaires de cet angle (n° 394).

399. Si en un point de l'arête d'un angle dièdre, on élève dans chaque face une perpendiculaire à cette arête, l'angle de ces deux droites est nommé *angle rectiligne correspondant de l'angle dièdre*.

THÉORÈME XLIII.

400. *L'angle rectiligne d'un angle dièdre est le même en quelque point de l'arête qu'on élève les perpendiculaires.*

En effet, si dans le plan P (*fig.* 175), nous élevons les perpendiculaires BA et ED à l'arête BE, elles sont parallèles entre elles. De même si, dans le plan Q, nous élevons les perpendiculaires BC et EF à la même arête, elles sont aussi parallèles. Donc les angles ABC et DEF sont égaux (n° 374).

THÉORÈME XLIV.

401. *Si deux angles dièdres sont égaux, les angles rectilignes correspondants sont égaux, et réciproquement.*

1° Transportons l'angle dièdre GEFH (*fig.* 180) sur son égal

Fig. 180.

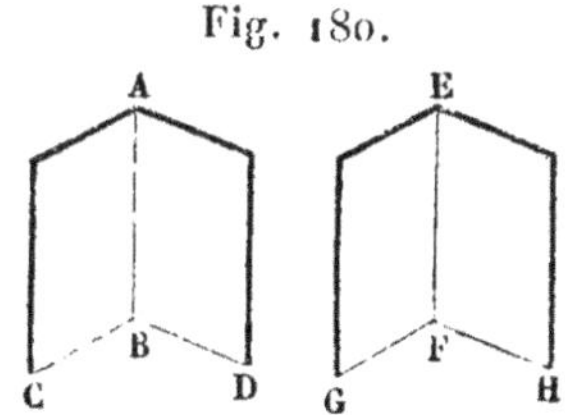

CABD, de manière que le plan EGF soit sur le plan ABC, l'arête EF sur l'arête AB et le point F au point B; alors le plan EHF tombera sur le plan ADB, et les droites FG et FH coïncideront respectivement avec BC et BD; donc les angles rectilignes GFH et CBD coïncident et sont égaux.

2° Plaçons l'angle GFH sur son égal CBD; les arêtes FE et BA, respectivement perpendiculaires sur les plans de ces angles (n° 335), coïncideront. Alors deux droites de chaque face de l'angle dièdre EF ayant coïncidé avec deux droites des faces de l'angle dièdre AB, ces faces et par suite les angles dièdres coïncident et sont égaux.

Théorème XLV.

402. *Deux angles dièdres quelconques sont dans le même rapport que leurs angles rectilignes correspondants.*

Nous pourrons toujours transporter l'un des angles dièdres de manière à leur donner la même arête et une face commune. Soient alors les angles dièdres CABE et CABD (*fig.* 181), dont les angles

Fig. 181.

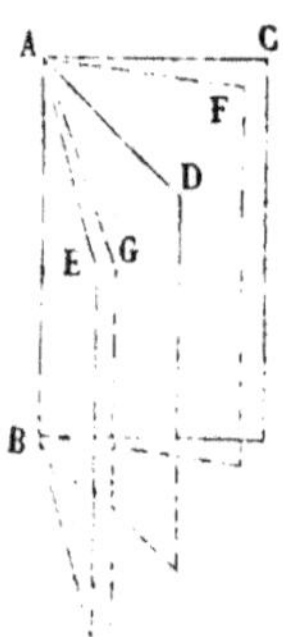

rectilignes correspondants sont CAE et CAD. Nous distinguerons deux cas, suivant que les angles rectilignes ont ou n'ont pas de commune mesure.

1er *cas.* — Soit CAF une commune mesure des angles CAE et CAD, et supposons que l'on ait

$$CAE = m.CAF \quad \text{et} \quad CAD = n.CAF;$$

en divisant membre à membre et supprimant le facteur CAF, commun aux deux termes du second rapport, il vient

$$(1) \qquad \frac{CAE}{CAD} = \frac{m}{n}.$$

Par l'arête AB et chacune des droites, telles que AF, faisons passer des plans, nous formerons des angles consécutifs correspondant à chaque angle rectiligne CAF et par conséquent tous égaux à l'angle CABF (n° 401). Nous aurons donc

$$CABE = m.CABF \quad \text{et} \quad CABD = n.CABF;$$

en divisant membre à membre et supprimant le facteur CABF, il vient

$$(2) \qquad \frac{\mathrm{CABE}}{\mathrm{CABD}} = \frac{m}{n}.$$

Les proportions (1) et (2) ont un rapport commun, donc (*Algèbre*, n° 139)

$$\frac{\mathrm{CABE}}{\mathrm{CABD}} = \frac{\mathrm{CAE}}{\mathrm{CAD}}.$$

2ᵉ *cas*. — Partageons l'angle CAD en n parties égales, soit CAF l'une de ces parties; d'après l'hypothèse, l'angle CAE ne contiendra jamais exactement l'angle CAF; mais supposons que CAE se compose de m fois l'angle CAF plus un angle GAE plus petit que CAF. Nous aurons alors les égalités

$$\mathrm{CAE} = m.\mathrm{CAF} + \mathrm{GAE} \quad \text{et} \quad \mathrm{CAD} = n.\mathrm{CAF}.$$

En divisant membre à membre, nous aurons (*Algèbre*, n° 139)

$$(3) \qquad \frac{\mathrm{CAE}}{\mathrm{CAD}} = \frac{m}{n} + \frac{\mathrm{GAE}}{n.\mathrm{CAF}}.$$

Menons encore des plans par l'arête AB et chacune des droites AF,..., AG, nous formerons des angles dièdres consécutifs tous égaux à l'angle CABF, à l'exception du dernier GABE, qui sera plus petit. Nous obtiendrons donc les égalités

$$\mathrm{CABE} = m.\mathrm{CABF} + \mathrm{GABE} \quad \text{et} \quad \mathrm{CABD} = n.\mathrm{CABF}.$$

En les divisant membre à membre, nous trouverons

$$(4) \qquad \frac{\mathrm{CABE}}{\mathrm{CABD}} = \frac{m}{n} + \frac{\mathrm{GABE}}{n.\mathrm{CABF}}.$$

Les valeurs des rapports (3) et (4) ont une partie commune; donc leur différence est la même que celle des parties non communes. Mais $\dfrac{\mathrm{GAE}}{n.\mathrm{CAF}} = \dfrac{1}{n} \times \dfrac{\mathrm{GAE}}{\mathrm{CAF}}$; le second facteur est plus petit que 1, donc le produit est plus petit que l'autre facteur $\dfrac{1}{n}$ (*Arithmétique*, 3ᵉ édit., n° 177). On a de même $\dfrac{\mathrm{GABE}}{n.\mathrm{CABF}} < \dfrac{1}{n}$; donc, à plus forte raison, la différence entre les seconds termes, et par suite entre les deux rapports, s'il y en a une, sera plus petite que $\dfrac{1}{n}$. Or n peut être pris aussi grand que l'on veut, et par conséquent $\frac{1}{n}$ rendu aussi petit qu'on le voudra; donc quelque petite que l'on suppose la différence qui existerait entre $\frac{CABE}{CABD}$ et $\frac{CAE}{CAD}$, on démontrera qu'on l'a supposée trop grande en rendant $\frac{1}{n}$ plus petite que cette valeur. Donc, enfin, il ne peut exister aucune différence entre le rapport des angles dièdres et celui des angles rectilignes. Par conséquent on a, dans tous les cas,

$$\frac{CABE}{CABD} = \frac{CAE}{CAD}.$$

403. Il résulte de ce théorème qui si l'on prend pour unité d'angle dièdre celui qui correspond à l'angle rectiligne droit, et qui est aussi l'angle dièdre droit, *la mesure d'un angle dièdre est égale à celle de l'angle rectiligne correspondant.*

En effet A et A′ étant deux angles dièdres, a et a' les angles rectilignes correspondants, on a toujours

$$\frac{A}{A'} = \frac{a}{a'};$$

mais si A′ et a' sont en même temps les unités d'angle dièdre et d'angle rectiligne, cette égalité devient (*Arithmétique*, 3ᵉ édit., n° 3)

$$\text{mesure de A} = \text{mesure de } a.$$

Cette relation s'explique plus brièvement, mais avec moins d'exactitude, en disant qu'*un angle dièdre a pour mesure l'angle rectiligne qui lui correspond.*

404. Si au lieu de former l'angle rectiligne par des perpendiculaires à l'arête, on le formait par des obliques quelconques, pourvu que leur direction fût constante, on trouverait encore que l'angle resterait le même en déplaçant son sommet sur l'arête, que les dièdres égaux et les angles rectilignes égaux se correspondraient; mais le rapport des angles dièdres ne serait plus égal au rapport des angles rectilignes, de sorte que ces angles ne pourraient plus donner la mesure de l'angle dièdre. Cette conclusion résultera d'un théorème suivant (n° 426); mais dès à présent nous pouvons mon-

trer que *l'angle rectiligne doit être formé par des perpendiculaires à l'arête pour que sa mesure soit toujours égale à celle de l'angle dièdre.*

En effet, soient OE et OC (*fig.* 177) les droites qui forment l'angle rectiligne; supposons que le plan P tournant autour de AB vienne coïncider avec le plan Q, alors l'angle dièdre EABC se réduit à o; donc il faut aussi que l'angle rectiligne COE se réduise à o, c'est-à-dire que OE s'applique sur OC, d'où résulte

$$\text{angle AOE} = \text{angle AOC.}$$

Si maintenant nous faisons tourner le plan P en sens inverse, pour le faire coïncider avec le prolongement Q′ de la face Q, l'angle dièdre aura augmenté jusqu'à valoir 2 angles dièdres droits, ou 2 unités d'angles dièdres; donc l'angle rectiligne aura dû aussi augmenter jusqu'à valoir 2 angles rectilignes droits, ce qui exige que OE soit venue se placer sur OD prolongement de CO; par conséquent l'angle AOE coïncide avec AOD, supplément de AOC. Les angles supplémentaires AOC et AOD étant égaux au même angle AOE sont égaux entre eux et par conséquent droits. Donc enfin l'angle rectiligne formé par des perpendiculaires à l'arête est le seul qui conserve toujours la même mesure que l'angle dièdre auquel il correspond.

On voit aussi pour le cas de l'angle droit (*fig.* 178), que si AB et BE ne sont pas perpendiculaires sur CD, l'oblique AB, faisant avec sa projection BD un angle aigu, ferait aussi avec BE un angle aigu (n° 358), tandis que l'angle ABE doit être droit.

405. Les perpendiculaires au même point de l'arête d'un angle dièdre sont toutes sur un même plan (n° 336); par conséquent si plusieurs plans se coupent suivant une même arête, l'angle dièdre formé par les plans extrêmes est égal à la somme des angles dièdres consécutifs, puisque l'angle rectiligne correspondant au premier est égal à la somme des angles rectilignes des angles dièdres partiels.

THÉORÈME XLVI.

406. *Si deux plans parallèles sont coupés par un troisième, les angles dièdres formés sur les deux intersections sont ou égaux ou supplémentaires* (n° 56).

Je me contenterai de faire la figure dans laquelle les plans parallèles P et Q sont coupés par le plan R : il sera facile de suivre la

Fig. 182.

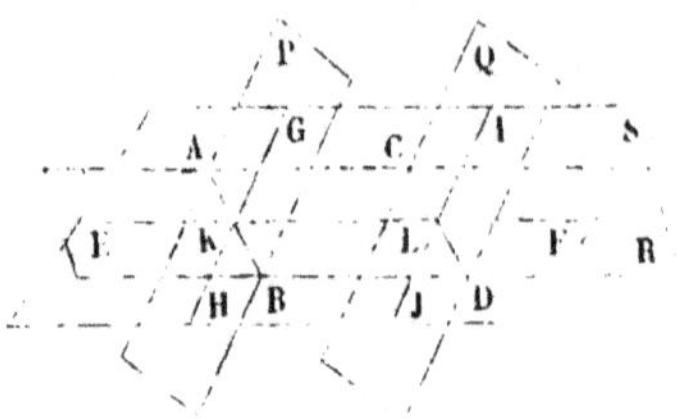

démonstration, qui ramène aux propriétés des droites parallèles GH et IJ, coupées par la sécante EF.

407. Quant à la réciproque de cette proposition, il faut remarquer que l'égalité des angles rectilignes, d'où résulte le parallélisme des droites GH et IJ, ne suffirait pas pour fixer la direction des plans P et Q et par suite leur parallélisme. Mais si nous y joignons le parallélisme des intersections AB et CD, alors les plans P et Q seront parallèles (n° 374). Nous aurons donc l'énoncé suivant pour l'une des réciproques, et des énoncés analogues pour les autres :

THÉORÈME XLVII.

Si deux plans sont coupés par un troisième suivant des droites parallèles et forment avec lui des angles correspondants égaux, ces deux plans sont parallèles.

THÉORÈME XLVIII.

408. *Si en un point de l'arête d'un angle dièdre et en dehors de cet angle, on élève des perpendiculaires sur chaque face, l'angle de ces perpendiculaires est supplémentaire de l'angle dièdre.*

Soit l'angle dièdre (P, Q) (*fig.* 183) : au point A de l'arête AB j'élève en dehors de cet angle la perpendiculaire AC au plan P et la perpendiculaire AD au plan Q, c'est-à-dire que je dirige ces perpendiculaires de manière que le plan P prolongé laisse la perpendiculaire AC d'un côté et l'angle dièdre de l'autre côté ; de même pour le plan Q. Les droites AC et AD sont toutes deux perpendiculaires à l'arête AB et déterminent un plan perpendiculaire à cette arête, lequel coupe les plans P et Q suivant des droites AE

Fig. 183.

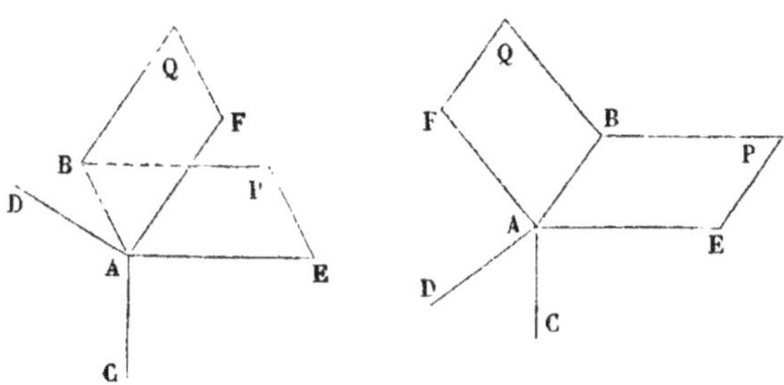

et AF aussi perpendiculaires sur AB, et formant par conséquent l'angle rectiligne correspondant de l'angle dièdre. Dans ce dernier plan, AC et AD sont perpendiculaires aux côtés AE et AF de l'angle rectiligne et dirigées en dehors de cet angle; donc CAD est supplémentaire de EAF (n° 61).

409. Si par un point quelconque de l'espace on mène des parallèles aux droites AC et AD, les angles formés par ces parallèles sont respectivement égaux aux angles formés par les droites AC et AD prolongées dans tous les sens (n° 59). On peut alors énoncer le théorème précédent d'une manière plus générale comme il suit : *Si deux droites qui se coupent sont respectivement parallèles à deux plans qui se coupent, les angles formés par ces deux droites sont égaux aux angles dièdres formés par les deux plans.*

Je ferai remarquer à cette occasion que par angle de deux droites ou de deux plans indéfiniment prolongés, on doit entendre l'angle aigu formé par ces deux droites ou par ces deux plans, comme étant le plus petit.

§ IV. — Des plans perpendiculaires.

THÉORÈME XLIX.

410. *Tout plan mené par une droite perpendiculaire à un plan donné est lui-même perpendiculaire à ce plan.*

Soit la droite AB (*fig.* 178) perpendiculaire au plan Q, et par cette droite faisons passer un plan P. La droite AB est perpendiculaire à l'intersection CD des deux plans. Au point B et dans le plan Q, élevons une autre perpendiculaire BE à CD ; l'angle ABE, qui mesure l'angle dièdre, est droit ; donc le plan P est perpendiculaire au plan Q.

411. Si dans le plan P on abaisse une perpendiculaire à CD, elle sera parallèle à AB, et par conséquent perpendiculaire au plan P (n° 345) ; donc :

THÉORÈME L.

Si deux plans sont perpendiculaires entre eux, toute perpendiculaire à leur intersection menée dans l'un des deux plans est perpendiculaire à l'autre plan.

THÉORÈME LI.

412. *Si deux plans sont perpendiculaires entre eux, et que d'un point de l'un on abaisse une perpendiculaire sur l'autre, elle est tout entière contenue dans le premier.*

Car d'un point A, on ne peut abaisser qu'une perpendiculaire sur le plan Q. Or AB perpendiculaire sur CD est déjà perpendiculaire au plan Q ; donc la perpendiculaire abaissée du point A coïncide avec AB, et par conséquent est contenue dans le plan P.

THÉORÈME LII.

413. *Si deux plans sont perpendiculaires sur un troisième, leur intersection est perpendiculaire au troisième plan.*

Car si d'un point A (*fig.* 184) de l'intersection des plans P et Q

Fig. 184.

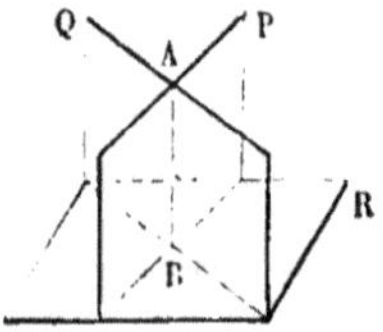

on abaisse une perpendiculaire sur le plan R, elle devra être contenue dans chacun des deux premiers plans, et ne sera autre que leur intersection.

Ce même théorème peut s'énoncer en disant que *si un plan est perpendiculaire à la fois à deux autres, il est perpendiculaire à leur intersection.*

414. De là résulte naturellement le théorème suivant :

THÉORÈME LIII.

Si d'un point on abaisse des perpendiculaires sur une série de plans passant par une même droite, toutes ces perpendiculaires sont sur un même plan perpendiculaire à la droite donnée.

Car si nous nommons AB la droite (*fig.* 156) P, P′, P″, P‴,... les plans, O le point, et p, p', p'', p''',... les perpendiculaires abaissées du point O sur les divers plans; p et p' déterminent un plan perpendiculaire à la fois à P et à P′, et par suite perpendiculaire à la droite AB; de même p et p'' déterminent un plan perpendiculaire à P et à P″, et par conséquent à la droite AB, et ainsi de suite. Mais par le point O on ne peut mener qu'un seul plan perpendiculaire à AB (n° 337); donc toutes les perpendiculaires p, p', p'', p''',... sont sur un même plan.

Il sera facile de suppléer à la figure.

THÉORÈME LIV.

415. *Par une oblique à un plan, on peut toujours faire passer un plan perpendiculaire au premier et l'on ne peut en faire passer qu'un.*

1° Soit AB (*fig.* 185) oblique sur le plan P, on peut toujours

Fig. 185.

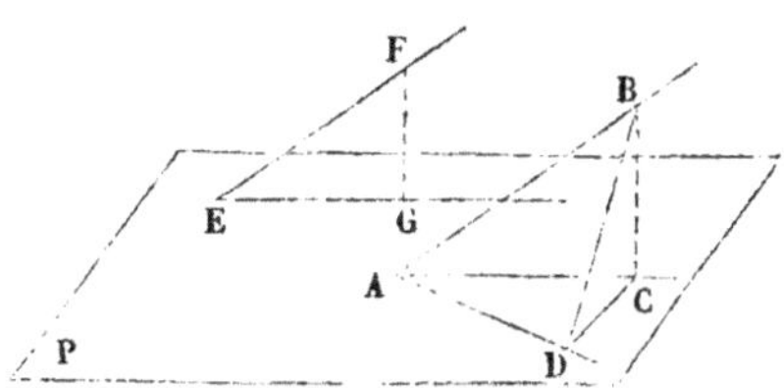

par un point de AB abaisser une perpendiculaire BC au plan P (n° 340), et les droites AB et BC déterminent un plan perpendiculaire au plan P (n° 410).

2° Menons par AB un autre plan ABD; dans le plan P abaissons CD perpendiculaire sur AD, et unissons BD, qui sera aussi perpendiculaire à AD (n° 356); donc BDC est l'angle rectiligne correspondant de l'angle dièdre BADC. Mais dans le triangle BCD, l'angle en C est droit; donc l'angle BDC est aigu, et par conséquent le plan ABD n'est pas perpendiculaire au plan P.

416. La droite AC est la projection de AB; donc, pour avoir la projection d'une droite sur un plan, il faut mener par la droite un plan perpendiculaire au premier.

THÉORÈME LV.

417. *Les projections de deux droites parallèles sur un même plan sont parallèles.*

Soient les droites parallèles AB et EF; pour les projeter, il faut d'un point de chacune d'elles abaisser une perpendiculaire BC ou FG sur le plan P. Ces droites sont parallèles (n° 344); donc les plans ABC et EFG sont parallèles (n° 374) et sont coupés par le plan P suivant des droites parallèles AC et EG.

418. Après tout ce qui précède, je crois suffisant d'énoncer les théorèmes qui suivent et dont les démonstrations se réduiront facilement aux théorèmes analogues de la géométrie plane.

THÉORÈME LVI.

Les plans bissecteurs de deux angles dièdres adjacents sont perpendiculaires entre eux (n° 43).

THÉORÈME LVII.

419. *Les plans bissecteurs de deux angles dièdres opposés par l'arête sont le prolongement l'un de l'autre (n° 44).*

THÉORÈME LVIII.

420. *Tout point de l'un des plans bissecteurs des angles dièdres formés par deux plans qui se coupent est également distant des deux plans. Tout point extérieur aux plans bissecteurs est inégalement distant des deux plans (n° 45 et 46).*

421. L'ensemble des deux plans bissecteurs est le lieu géométrique des points également distants des deux plans (n° 49).

Théorème LIX.

422. *Une droite quelconque située dans l'un des plans bissecteurs fait des angles égaux avec les deux plans, et ses projections font des angles égaux avec l'arête.*

§ V. — Angles polyèdres.

423. Lorsque trois ou un plus grand nombre de plans passent tous par un même point, mais se coupent deux à deux suivant des droites différentes auxquelles ils se terminent, ils forment une figure que l'on nomme *angle polyèdre*.

Le point de rencontre de tous les plans est le *sommet* de l'angle polyèdre ; les intersections des plans en sont les *arêtes ;* les portions angulaires de chaque plan comprises entre les arêtes qu'il renferme sont les *faces* de l'angle polyèdre ; enfin deux faces adjacentes forment entre elles un *angle dièdre* de l'angle polyèdre. Les faces sont aussi désignées sous le nom d'*angles plans*.

Il est évident qu'un angle polyèdre contient toujours un même nombre de faces, d'angles dièdres et d'arêtes. On les distingue les uns des autres par le nombre de ces éléments. On donne particulièrement le nom d'*angle trièdre* à celui qui contient trois faces.

424. Lorsqu'un angle polyèdre est isolé, on peut le lire simplement par la lettre du sommet. Mais si plusieurs angles polyèdres ont même sommet, il faut nécessairement adopter un autre mode de lecture. Pour cela, outre la lettre du sommet, on place une lettre sur chaque arête et on lit toutes ces lettres en commen-

Fig. 186.　　　　Fig. 187.　　　　Fig. 188.

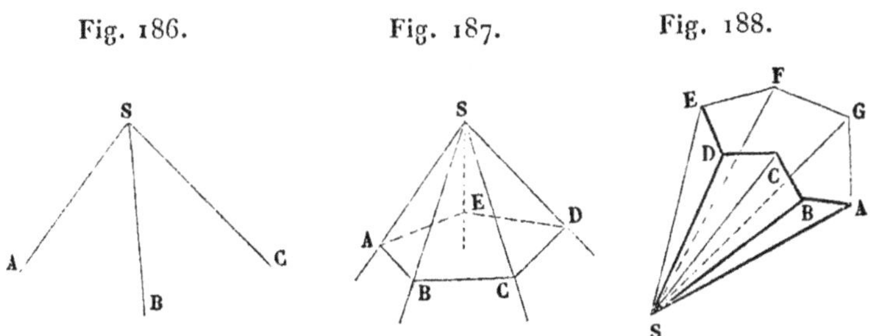

çant par celle du sommet. Ainsi l'angle trièdre (*fig.* 186) peut se lire l'angle S, ou SABC. Les angles polyèdres (*fig.* 187 et 188) se liraient de même S, ou SABCDE et SABCDEFG.

425. Les angles polyèdres sont *convexes* ou *non convexes*. Un angle polyèdre est convexe (*fig.* 187) lorsqu'une face quelconque prolongée laisse toujours la figure tout entière du même côté de ce plan. Il est évident qu'un plan qui coupe toutes les faces d'un pareil angle polyèdre détermine un polygone convexe. L'angle trièdre est toujours convexe.

Si parmi les faces de l'angle polyèdre il en est, comme SBC ou SCD (*fig.* 188), qui prolongée coupe l'angle polyèdre en deux parties situées de part et d'autre du plan, cet angle polyèdre n'est pas convexe.

Théorème LX.

426. *Dans un angle trièdre une face quelconque est plus petite que la somme des deux autres, mais plus grande que leur différence.*

La première partie du théorème n'a besoin d'être démontrée que pour une face plus grande que chacune des deux autres. Soit donc ASB la plus grande face de l'angle trièdre S (*fig.* 189). For-

Fig. 189.

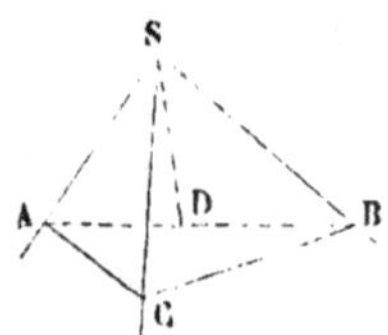

mons dans cette face l'angle ASD = ASC, puis prenons SD = SC, menons par le point D une droite quelconque AB et unissons AC et BC. Les triangles ASD et ASC ont un angle égal en S, compris entre côtés égaux chacun à chacun ; donc ils sont égaux et AD = AC.

La droite AB est plus petite que AC + BC ; donc la partie BD est < BC ; mais SD = SC, et BS est commun aux deux triangles BDS et BCS ; donc (n° 148)

$$\text{angle BSD} < \text{angle BSC.}$$

En ajoutant de part et d'autre les angles égaux ASD et ASC, on en tirera

$$ASD + BSD \quad \text{ou} \quad \text{angle } ASB < ASC + BSC.$$

Cette relation existant pour un angle quelconque, on aura de même

$$ASB + ASC > BSC, \quad \text{d'où} \quad \text{angle } ASB > BSC - ASC.$$

Théorème LXI.

427. *Dans un angle polyèdre convexe, la somme des faces est toujours plus petite que quatre angles droits.*

En effet, remarquons d'abord qu'il est toujours possible de couper à la fois toutes les arêtes par un même plan, puisqu'il suffit pour cela de concevoir par le sommet un plan, autre que les faces, laissant l'angle polyèdre tout entier du même côté, ce qui est possible pour l'angle convexe, et un plan parallèle à ce dernier remplira la condition demandée. Cela posé, soit ABCDE (*fig.* 187) le polygone convexe obtenu par cette section; à chaque sommet sera formé un angle trièdre par ce plan sécant et les deux plans adjacents de l'angle polyèdre S. Donc, en vertu du théorème précédent, nous aurons la série d'inégalités

$$EAB < EAS + SAB,$$
$$ABC < ABS + SBC,$$
$$BCD < BCS + SCD,$$
$$CDE < CDS + SDE,$$
$$DEA < DES + SEA.$$

En les ajoutant membre à membre, la somme des premiers membres, ou la somme des angles intérieurs du polygone ABCDE, est plus petite que la somme des seconds membres, qui comprend la somme des angles des triangles ASB, BSC, CSD, DSE, ESA, à l'exception des angles en S. Désignons, pour abréger, cette somme par Σ, remarquons aussi que n étant le nombre des faces de l'angle polyèdre, n sera aussi le nombre des côtés du polygone et le nombre des triangles ci-dessus; on aura donc (n° 167)

$$(2n - 4) \text{ angles droits} < (2n - \Sigma) \text{ angles droits},$$

puisqu'en retranchant Σ de $2n$, le reste est plus grand que si l'on retranche 4; il en résulte que Σ ou la somme des faces de l'angle polyèdre S est plus petite que quatre droits.

D'ailleurs on peut s'assurer facilement que cette somme peut prendre toutes les valeurs inférieures à cette limite, car si l'on resserre le polygone ABCDE, chaque angle en S pourra être rendu plus petit que toute quantité assignable; donc aussi leur somme sera presque nulle. Si au contraire, sans avoir besoin de changer le polygone, on rapproche de plus en plus le sommet S du plan sécant, la somme des angles en S approchera de plus en plus de quatre droits, limite qu'elle finirait par atteindre, si le point S descendait jusqu'à être dans le plan (n° 29) et à l'intérieur du polygone.

428. La somme des angles dièdres est également variable. Pour le faire voir, nous démontrerons d'abord ce théorème.

Théorème LXII.

Si, au sommet d'un angle trièdre, on élève des perpendiculaires sur chaque face et qu'on les dirige en dehors de l'angle, ces trois perpendiculaires seront les arêtes d'un second angle trièdre dont les faces sont supplémentaires des angles dièdres du premier, et dont les angles dièdres sont supplémentaires des faces du premier.

Soit SA' (*fig*. 190) perpendiculaire sur la face BSC et dirigée

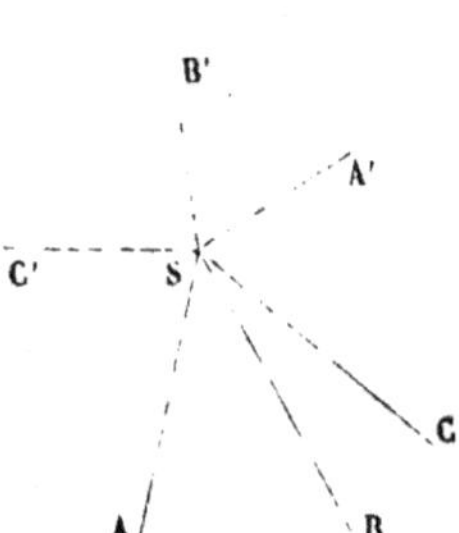

Fig. 190.

en dehors de l'angle trièdre, c'est-à-dire que l'angle trièdre et la droite SA' soient de côtés différents du plan de la face BSC. Soient de même SB′ perpendiculaire sur la face ASC et SC′ perpendiculaire sur la face ASB.

Les deux plans BSC et ASC forment sur l'arête SC un angle dièdre ; SA′ et SB′ sont perpendiculaires aux faces de cet angle dièdre ; donc (n° 408) A′SB′ est supplémentaire de l'angle dièdre sur l'arête SC. Par le même motif les angles A′SC′ et B′SC′ sont respectivement supplémentaires des angles dièdres sur les arêtes SB et SA.

L'arête SA, intersection des faces ASB et ASC, est perpendiculaire à SC′ et à SB′, et, par conséquent, au plan B′SC′ ; d'ailleurs l'angle ASA′ est obtus, donc SA et SA′ sont de part et d'autre du plan B′SC′, ou, ce qui revient au même, le plan B′SC′ prolongé laisserait l'angle trièdre SA′B′C′ d'un côté et la perpendiculaire SA de l'autre côté. Nous voyons par là que les arêtes SA, SB, SC de l'angle trièdre SABC sont perpendiculaires aux faces de l'angle trièdre SA′B′C′ et dirigées en dehors de cet angle. Donc, en second lieu, les angles dièdres formés sur les arêtes SA′, SB′, SC′ sont supplémentaires des faces BSC, ASC, ASB.

429. L'angle trièdre SA′B′C′ pourrait être transporté partout où l'on voudrait, la relation que nous venons de démontrer subsisterait toujours. Deux angles trièdres tels, que les angles plans de l'un sont les suppléments des angles dièdres de l'autre et inversement, sont dits par cette raison *angles trièdres supplémentaires*.

430. Le théorème subsiste évidemment pour un angle polyèdre convexe quelconque, car la démonstration que l'angle A′SB′ est supplémentaire de l'angle dièdre sur l'arête SC ne dépend en aucune façon du nombre des autres faces de l'angle polyèdre, mais seulement de la construction faite par rapport à l'angle dièdre SC. Il en est de même de la démonstration que SA est perpendiculaire sur le plan B′SC′.

L'angle polyèdre ayant les perpendiculaires SA′, SB′,... pour arêtes est donc *supplémentaire de l'angle polyèdre primitif*, c'est-à-dire que ses faces sont les suppléments des angles dièdres du proposé, et réciproquement.

THÉORÈME LXIII.

431. *La somme des angles dièdres d'un angle trièdre quelconque est comprise entre deux droits et six droits.*

Désignons, pour abréger, par A, B, C les angles dièdres formés sur les arêtes SA, SB, SC de l'angle trièdre SABC, et par a, b, c les faces qui leur sont respectivement opposées. Désignons de même par A′, B′, C′ les angles dièdres, et par a', b', c' les faces opposées de l'angle supplémentaire SA′B′C′. Nous aurons

$$A + a' = 2^{dr}, \quad B + b' = 2^{dr}, \quad C + c' = 2^{dr}.$$

et en ajoutant membre à membre,

$$A + B + C + a' + b' + c' = 6^{dr}.$$

La somme des faces $a' + b' + c'$ est < 4 droits (n° 427); donc il reste plus de 2 droits pour la somme des angles dièdres $A + B + C$.

D'un autre côté la somme $a' + b' + c'$ n'est jamais nulle; donc la somme $A + B + C$ des angles dièdres vaut moins de 6 droits.

Enfin, puisque nous avons vu que la somme $a' + b' + c'$ des faces d'un angle trièdre peut prendre toutes les valeurs comprises entre zéro et 4 droits, et approcher autant qu'on le veut de ces deux limites, nous devons en conclure que la somme $A + B + C$ des angles dièdres d'un angle trièdre peut prendre toutes les valeurs comprises entre 2 droits et 6 droits, et approcher indéfiniment de ces deux limites.

432. Il résulte de là qu'un angle trièdre peut avoir deux et même trois angles dièdres droits, et même obtus. Lorsque les trois angles dièdres sont droits, les trois faces le sont aussi, et réciproquement, et l'angle est nommé *angle trièdre trirectangle*.

Pour construire un angle trièdre trirectangle, il suffit de prendre deux plans perpendiculaires entre eux BAC et BAD (*fig.* 191), et

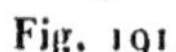

Fig. 191.

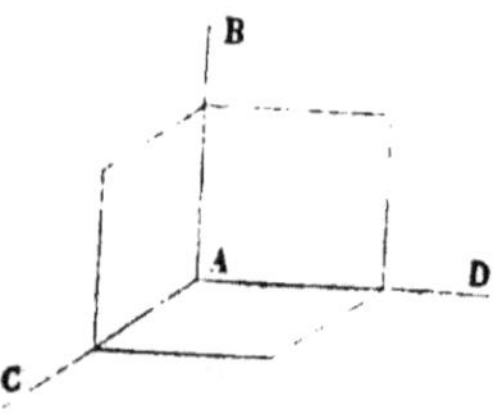

de les couper par un troisième CAD perpendiculaire à leur inter-section AB, et par suite à chacun des deux premiers. Chacune des

4.

arêtes, étant l'intersection de deux plans perpendiculaires à un troisième, est perpendiculaire aux deux autres arêtes, et par suite les trois faces sont des angles droits.

De même, si, ayant deux droites AB, AC perpendiculaires entre elles, on en élève une troisième perpendiculaire à leur plan, on obtiendra les trois arêtes d'un angle trièdre à faces rectangulaires. Mais ces faces sont les angles rectilignes correspondants des angles dièdres; donc les trois angles dièdres sont droits.

433. Par des considérations analogues, on reconnaîtra que si deux faces seulement sont rectangulaires, les deux angles dièdres opposés sont droits. Réciproquement, si deux angles dièdres sont droits, les deux faces opposées sont rectangulaires.

Ces propriétés sont des cas particuliers de théorèmes que nous démontrerons bientôt.

434. La somme des angles dièdres d'un angle polyèdre quelconque varie aussi entre des limites faciles à obtenir. Soit n le nombre des faces de l'angle polyèdre proposé; désignons par $\Sigma.A$ la somme de ses angles dièdres, et par $\Sigma.F'$ la somme des faces de l'angle polyèdre supplémentaire, nous savons que l'on a (n° 430)

$$\Sigma.A + \Sigma.F' = 2n \text{ droits};$$

et, puisque $\Sigma.F'$ est toujours comprise entre zéro et 4 droits, il restera, pour $\Sigma.A$, une valeur comprise entre $2n - 4$ et $2n$ angles droits.

Si l'on cherchait à déduire ces limites de la décomposition de l'angle polyèdre en angles trièdres, on trouverait les limites moins resserrées $2n - 4$ et $6n - 12$, dont la différence est $4n - 8$. Or la limite supérieure $2n$ est évidente, puisque chaque angle est plus petit que 2 droits.

435. Dans la géométrie plane, deux figures composées d'éléments égaux chacun à chacun et disposés dans le même ordre peuvent toujours se placer l'une sur l'autre et sont égales. Il n'en est pas de même des figures de l'espace; de là une distinction dans ces dernières figures. Lorsque deux figures sont superposables, on dit encore qu'elles sont *égales*; mais lorsque étant composées d'éléments égaux elles ne peuvent pas se superposer, on dit qu'elles

sont *symétriques*. Par exemple, prolongeons au delà du sommet toutes les arêtes de l'angle trièdre SABC (*fig.* 192), ou de l'angle polyèdre SABCDE (*fig.* 193), nous obtiendrons les arêtes d'un se-

Fig. 192.   Fig. 193.

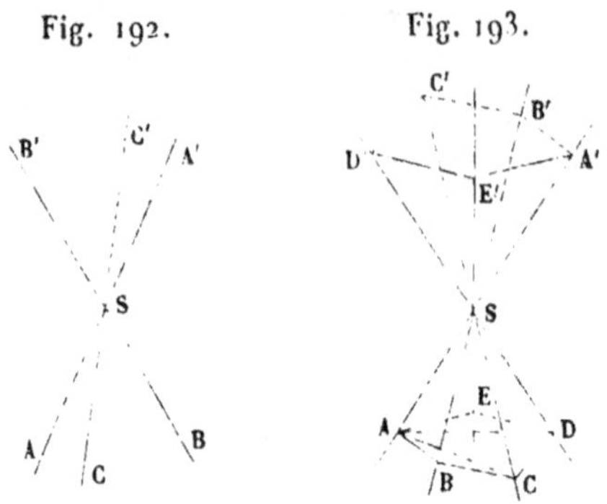

cond angle polyèdre dont les faces sont égales à celles du premier, comme angles opposés par le sommet (n° 30), et dont les angles dièdres sont aussi égaux à ceux du premier, comme étant formés par les mêmes plans et opposés par l'arête (n° 398). Les éléments égaux de ces deux angles polyèdres sont disposés dans le même ordre, mais en sens inverse. En effet, considérons trois éléments consécutifs de l'angle polyèdre SABC..., par exemple l'angle diè-dre B et les faces adjacentes ASB et BSC; considérons les trois éléments égaux B', A'SB' et B'SC' de l'angle polyèdre SA'B'C'...; puis plaçons-nous de la même manière dans l'intérieur des deux angles polyèdres, le sommet S au-dessus de la tête et les angles dièdres B ou B' en face. Dans l'angle polyèdre SABC..., nous aurons la face ASB à droite et la face BSC à gauche, tandis que, dans l'angle polyèdre SA'B'C'..., nous aurons la face A'SB' à gauche et la face B'SC' à droite. Il résulte de là que si nous voulions établir la superposition en plaçant l'élément B' sur son égal B, nous aurions du même côté les faces inégales ASB et B'SC', ou BSC et A'SB': donc les deux angles polyèdres ne pourront pas coïncider.

Toutefois, si les angles trièdres sont isocèles, ils coïncideront, et, quant aux angles polyèdres, ils ne pourront coïncider que si, de part et d'autre d'un premier élément, on rencontre des éléments égaux qui se succèdent.

Théorème LXIV.

436. *Deux angles polyèdres symétriques d'un même angle sont égaux.*

En effet, soient S′ et S″ deux angles polyèdres symétriques d'un même angle S. Supposons que les éléments de l'angle S se succèdent dans l'ordre

$$A, \ a, \ B, \ b, \ C, \ c, \ D, \ d, \ldots,$$

de sorte que pour un observateur placé dans l'intérieur, comme il a été dit ci-dessus, chaque élément soit à gauche de celui qui le suit; dans les angles S′ et S″ les éléments respectivement égaux aux précédents se suivront dans l'ordre

$$A', \ a', \ B', \ b', \ C', \ c', \ D', \ d', \ldots,$$
$$A'', \ a'', \ B'', \ b'', \ C'', \ c'', \ D'', \ d'',\ldots,$$

mais chacun d'eux sera à la droite de celui qui le suit.

Donc, dans ces deux derniers angles polyèdres, les éléments égaux se suivent dans le même ordre et dans le même sens; donc ils sont égaux superposables. Car A′ et A″ sont à droite de a' et a'', et B′ et B″ sont à gauche; si donc nous plaçons a'' sur a', les angles dièdres égaux A′ et A″ coïncideront ainsi que B′ et B″; ces derniers angles ayant coïncidé, les faces égales b' et b'' situées à leur gauche coïncideront également, et ainsi de suite.

Il sera facile de suppléer à la figure si on le désire. Cette proposition permettra toujours de démontrer l'égalité des angles polyèdres par superposition, en remplaçant, si c'est nécessaire, l'un des angles proposés par son symétrique.

Théorème LXV.

437. *Deux angles trièdres sont égaux dans toutes leurs parties lorsqu'ils ont une face égale adjacente à deux angles dièdres égaux chacun à chacun.*

Soient les angles trièdres S et S′ (*fig.* 194) ayant la face A′S′B′ = ASB et les angles dièdres A′ et B′ respectivement égaux aux angles A et B. Si les éléments égaux n'étaient pas disposés de la même manière, on remplacerait l'un des angles S′ par son symétrique. Je suppose donc les éléments égaux disposés de la même manière dans les deux angles trièdres. Cela étant, je transporte l'angle trièdre S′ sur l'angle trièdre S, en faisant coïncider la face

Fig. 194.

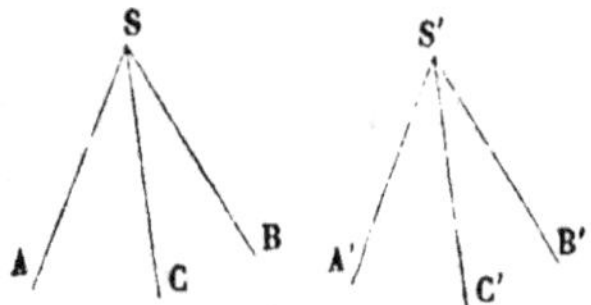

A′S′B′ sur son égale ASB. Les angles dièdres A′ et B′ étant égaux aux angles A et B, les plans A′S′C′ et B′S′C′ viendront se poser sur les plans ASC et BSC; par suite, l'arête S′C′ coïncidera avec SC, et, par conséquent, les deux angles trièdres se superposent entièrement et sont égaux.

Si la superposition avait été faite entre S et S″, l'angle S′, étant symétrique de S″, serait aussi symétrique de son égal S, et, par conséquent, les deux angles S et S′ auraient encore tous leurs éléments égaux chacun à chacun.

Théorème LXVI.

438. *Deux angles trièdres sont égaux dans toutes leurs parties lorsqu'ils ont un angle dièdre égal compris entre deux faces égales chacune à chacune.*

Supposons toujours que les éléments A′, A′S′B′ et A′S′C′ de l'angle trièdre S′ soient disposés de la même manière que leurs égaux A, ASB, ASC de l'angle trièdre S. Transportons S′ sur S de manière à faire coïncider A′ avec son égal A, les faces A′S′B′ et A′S′C′ coïncideront avec leurs égales ASB et ASC; par conséquent, les arêtes S′B′ et S′C′ tomberont sur SB et SC, et, par suite, les dernières faces B′S′C′ et BSC coïncideront. Donc, enfin, les angles trièdres S et S′ sont égaux.

Théorème LXVII.

439. *Deux angles trièdres sont égaux dans toutes leurs parties quand ils ont les trois faces égales chacune à chacune.*

On pourrait encore établir la superposition, mais je préfère démontrer comme il suit l'égalité de deux angles dièdres.

Je prends sur les six arêtes des longueurs égales SA, SB, SC, S'A', S'B', S'C' (*fig.* 195) et j'unis AB, BC, AC, A'B', B'C', A'C';

Fig. 195.

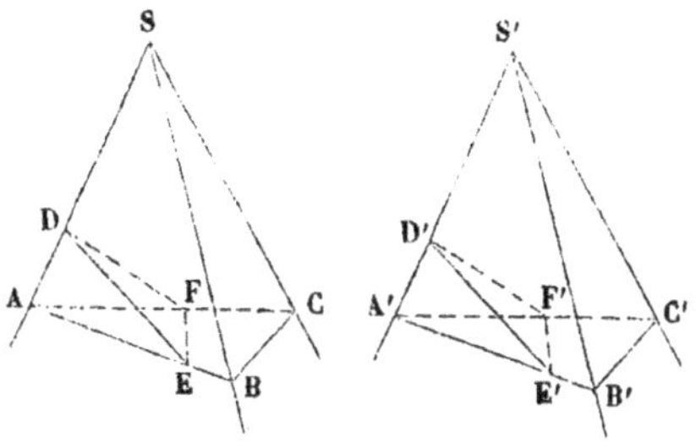

par ce moyen les angles SAB, SAC, S'A'B', S'A'C' sont nécessairement aigus; si donc en un point D de SA j'élève des perpendiculaires DE et DF à cette arête dans les faces qui la déterminent, elles rencontreront nécessairement AB et AC du côté de l'angle trièdre. Je prends ensuite A'D' = AD, et j'élève de même les perpendiculaires D'E' et D'F' à l'arête S'A'.

1° Les triangles isocèles S'A'B', S'A'C', S'B'C' sont respectivement égaux aux triangles isocèles SAB, SAC, SBC comme ayant un angle égal par hypothèse, compris entre côtés égaux par construction. L'on en conclut

$$A'B' = AB, \quad A'C' = AC, \quad B'C' = BC,$$

$$\text{angle } S'A'B' = \text{angle } SAB, \quad \text{angle } S'A'C' = \text{angle } SAC.$$

2° Les triangles A'B'C' et ABC sont égaux comme ayant les trois côtés égaux chacun à chacun; d'où l'on conclut

$$\text{angle } B'A'C' = \text{angle } BAC.$$

3° Les triangles A'D'E', A'D'F' sont respectivement égaux aux triangles ADE, ADF, comme rectangles en D et D', ayant un angle égal en A et A' et les côtés A'D' = AD; donc

$$A'E' = AE, \quad A'F' = AF, \quad D'E' = DE, \quad D'F' = DF.$$

4° Les triangles AEF et A'E'F' sont égaux, comme ayant un angle égal en A et A' compris entre côtés égaux chacun à chacun; donc

$$E'F' = EF.$$

5° Enfin, les triangles DEF et D'E'F' sont égaux, comme ayant les trois côtés égaux chacun à chacun ; d'où l'on conclut

$$\text{angle } E'D'F' = \text{angle } EDF.$$

Mais ces angles sont les correspondants des angles dièdres ; donc, enfin, les angles dièdres sont égaux.

On pourrait démontrer de même l'égalité des angles dièdres B et B', et celle des angles C et C' ; on peut aussi achever la démonstration par superposition.

440. Si nous construisons la série des triangles considérés dans l'un des angles trièdres, S par exemple, nous obtiendrons par une construction plane la valeur d'un angle dièdre de l'angle trièdre dont on connaît les trois faces.

441. Les cas d'égalité d'angles trièdres que nous venons d'établir sont les correspondants des cas d'égalité des triangles ; nous pouvons ajouter le suivant, qui ne se trouve pas pour les triangles, à cause de la constance dans la somme des angles :

Théorème LXVIII.

Deux angles trièdres sont égaux dans toutes leurs parties lorsqu'ils ont les angles dièdres égaux chacun à chacun.

Soient S et S' les deux angles trièdres ; nommons A, B, C les angles dièdres et a, b, c les faces du premier ; A', B', C' les angles dièdres et a', b', c' les faces du second.

Prenons les angles trièdres supplémentaires T et T' : leurs faces (n° 428), $2^d - A$, $2^d - B$, $2^d - C$ pour le premier et $2^d - A'$, $2^d - B'$, $2^d - C'$ pour le second sont égales chacune à chacune ; donc aussi les angles dièdres $2^d - a$, $2^d - b$, $2^d - c$ du premier sont égaux chacun à chacun aux angles dièdres $2^d - a'$, $2^d - b'$, $2^d - c'$ du second. Donc enfin

$$a = a', \quad b = b', \quad c = c'.$$

Théorème LXIX.

442. *Si deux faces d'un angle trièdre sont égales, les angles dièdres opposés sont égaux, et réciproquement.*

En effet : 1° soit l'angle trièdre S, dans lequel les faces ASC et

BSC (*fig.* 196) sont égales; la bissectrice SD de la troisième face sera la projection de l'arête SC (n° 359, 2°), et le plan CSD sera

Fig. 196.

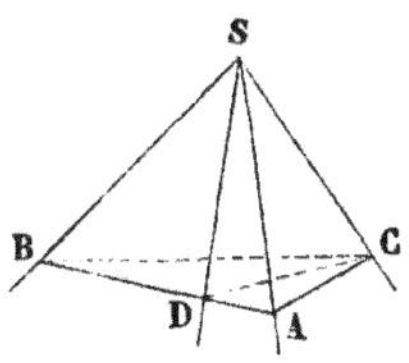

perpendiculaire sur la face ASB (n° 416). Les deux angles trièdres SACD et SBCD sont égaux, comme ayant les faces égales chacune à chacune; donc les angles dièdres sur SA et SB sont égaux.

2° Si les angles dièdres SA et SB sont égaux, menons CD perpendiculaire sur le plan ASB, puis DA et DB respectivement perpendiculaires sur SA et SB, et joignons CA et CB. Les angles CAD et CBD mesurent les angles dièdres et sont égaux. Les triangles rectangles BCD et ACD ont donc un côté commun et un angle aigu égal; ils sont égaux et l'on en tire AC = BC; alors les triangles rectangles ACS et BCS ont deux côtés égaux chacun à chacun; ils sont égaux et l'on en conclut

$$\text{angle ASC} = \text{angle BSC.}$$

On peut aussi démontrer cette proposition par la superposition de l'angle trièdre S avec son symétrique (n° 435).

443. De ce théorème résulte immédiatement le suivant :

Théorème LXX.

Si les trois faces d'un angle trièdre sont égales, les trois angles dièdres sont égaux, et réciproquement.

444. Un angle trièdre qui a deux faces égales est dit *isocèle.* S'il a les trois faces égales, il est dit *régulier.* En général, un *angle polyèdre régulier* est celui qui a toutes ses faces égales et aussi tous ses angles dièdres égaux.

445. J'énoncerai encore les théorèmes suivants :

1° *Dans un angle trièdre, si deux angles dièdres sont inégaux, au plus grand est opposée une plus grande face, et réciproquement ;*

2° *Si deux angles trièdres ont deux faces égales chacune à chacune, comprenant un angle dièdre inégal, la troisième face de l'angle trièdre, qui contient le plus grand angle dièdre, est plus grande que la troisième face de l'autre angle trièdre, et réciproquement ;*

3° *Si, par les trois arêtes d'un angle trièdre, on fait passer des plans perpendiculaires aux faces opposées, ces trois plans se coupent suivant une même droite ;*

4° *Si, par les bissectrices des faces, on élève des plans perpendiculaires à ces mêmes faces, ces trois plans se coupent suivant une même droite ;*

5° *Les plans bissecteurs des trois angles dièdres d'un angle trièdre se coupent suivant une même droite.*

Si l'angle trièdre est régulier, les droites d'intersection indiquées dans les trois derniers théorèmes coïncident en une seule qui fait avec les arêtes des angles égaux. Cette droite prend alors le nom d'*axe* de l'angle trièdre.

Les angles polyèdres réguliers possèdent aussi un axe suivant lequel se coupent les plans bissecteurs des angles dièdres, ainsi que les plans perpendiculaires aux faces et élevés par les bissectrices de ces faces. Cette proposition résultera du théorème suivant :

Théorème LXXI.

446. *Si l'on prend, à partir du sommet, des longueurs égales sur toutes les arêtes d'un angle polyèdre régulier, les points ainsi obtenus sont les sommets d'un polygone régulier, dont le plan est perpendiculaire à la droite qui unit son centre au sommet de l'angle polyèdre.*

Fig. 197.

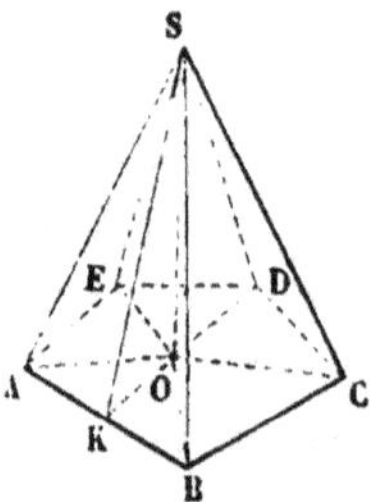

Soit l'angle polyèdre régulier S (*fig.* 197). Je prends sur les arêtes les longueurs $SA = SB = SC = SD = SE$. Les triangles ASB, BSC, CSD, DSE, ESA sont isocèles et égaux; donc les bases AB, BC, CD, DE, EA sont égales, ainsi que les angles adjacents. Les angles trièdres ABSE et BCSA sont égaux et isocèles; donc les faces EAB et ABC font avec SAB des angles égaux, et, par conséquent, les quatre sommets E, A, B, C sont sur un même plan; par la même raison A, B, C, D sont sur un même plan, et ainsi de suite. Donc, enfin, les points A, B, C, D, E sont tous sur un même plan.

L'égalité des angles trièdres donne encore les angles EAB, ABC, BCD,..., égaux, et, puisque déjà les côtés sont égaux, le polygone ABCDE est régulier.

Soit O le centre de ce polygone régulier; unissons SO; cette droite est perpendiculaire au plan du polygone, puisque les obliques SA, SB,..., sont égales (n° 351).

447. Les plans ASO, BSO, CSO,..., sont bissecteurs des angles dièdres de l'angle polyèdre S; car les angles trièdres ABSO, AESO sont égaux (n° 439), et, par conséquent, les angles dièdres sur l'arête commune SA sont égaux.

Menons OK perpendiculaire sur AB, et unissons SK, qui sera aussi perpendiculaire sur AB (n° 356) et bissectrice de l'angle ASB. Le plan SOK est perpendiculaire sur AB, et, par suite, sur la face ASB. On aurait le même résultat pour les autres faces. Donc :

Théorème LXXII.

Dans tout angle polyèdre régulier, les plans bissecteurs des angles dièdres et les plans perpendiculaires aux faces menées par les bissectrices de ces faces concourent tous sur une même droite.

Cette droite est l'axe de l'angle polyèdre, car les triangles rectangles égaux SAO, SBO, SCO, SDO, SEO montrent que les arêtes font des angles égaux avec cette droite SO.

448. Concluons encore que si par le centre d'un polygone régulier on élève une perpendiculaire sur son plan, qu'on unisse un

point de cette droite à tous les sommets du polygone, on forme un angle polyèdre régulier dont cette perpendiculaire est l'axe.

On voit aussi que si l'axe de l'angle polyèdre régulier est connu, et que l'on coupe cet angle par un plan perpendiculaire à l'axe, les intersections des faces par ce plan forment un polygone régulier ayant son centre sur l'axe.

CHAPITRE II.
DES POLYÈDRES ET DE LEURS MESURES.

449. On nomme en général *polyèdre* un corps géométrique terminé par des surfaces planes. Mais si nous maintenons la définition que nous avons donnée (n° 10, 3°) des surfaces courbes, tous les corps pourront être considérés comme des polyèdres : c'est en effet ce que nous ferons dans bien des cas, notamment pour leur mesure.

La portion de l'espace occupée par le corps est son *volume* ; les portions de plans qui limitent le polyèdre en sont les *faces* ; les intersections de deux faces voisines sont les *arêtes* du polyèdre ; l'angle dièdre de deux faces voisines mesure simplement l'inclinaison de ces faces ; le point de concours de trois ou d'un plus grand nombre de faces est un *sommet* du polyèdre ; ces faces, indéfiniment prolongées, forment un angle polyèdre, qu'on nomme *angle* du polyèdre.

Nous considérerons en particulier deux espèces de polyèdres : les prismes et les pyramides.

§ I. — Des prismes.

450. Un prisme est un polyèdre renfermé entre deux faces polygonales égales et parallèles, qu'on nomme *bases*, et dont toutes les autres faces, nommées *faces latérales*, sont des parallélogrammes.

ABCDE et FGHIK sont les bases du prisme (*fig.* 198).

Fig. 198.

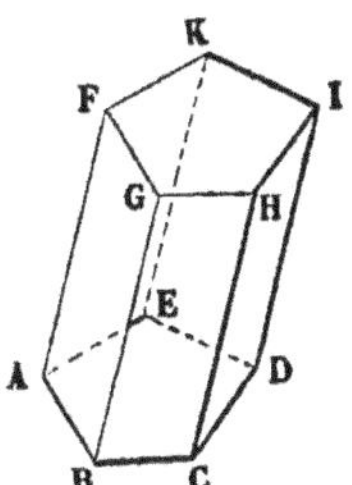

451. Une perpendiculaire, commune aux plans des deux bases et comprise entre ces plans, est la *hauteur* du prisme.

452. Les prismes se distinguent en prismes droits et prismes obliques. Les *prismes droits* sont ceux dont les faces latérales sont toutes perpendiculaires aux plans des bases ; alors les arêtes latérales sont aussi perpendiculaires aux plans des bases (n° 413) et mesurent par conséquent la hauteur du prisme. Les autres prismes sont *obliques* (*fig.* 198).

453. On distingue aussi les prismes droits ou obliques, suivant la nature de la base. Le prisme est *triangulaire,* si la base est un triangle ; *quadrangulaire,* si la base est un quadrilatère ; *pentagonal,* si la base est un pentagone, et ainsi de suite. Celui de la *fig.* 198 est pentagonal.

454. Quand la base d'un prisme droit est un polygone régulier, on nomme quelquefois le prisme *régulier ;* mais cette dénomination est vicieuse et inutile, nous ne la maintiendrons pas. Si, dans ce cas, la base est supposée inscrite dans un cercle et qu'on double indéfiniment le nombre des côtés, on finira par obtenir un prisme à base circulaire, auquel on donne le nom de *cylindre* (*fig.* 199 et 200).

La droite CC′, qui unit les centres des deux bases circulaires, est dite l'*axe* du cylindre. Le cylindre est *droit* (*fig.* 199), s'il provient d'un prisme droit ; alors CC′ est perpendiculaire sur les plans des bases et mesure la *hauteur* du cylindre. Le cylindre est *oblique* (*fig.* 200), s'il provient d'un prisme oblique; alors l'axe

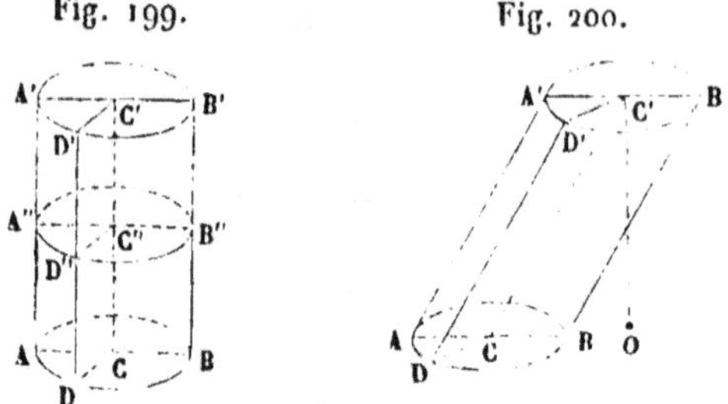

Fig. 199.   Fig. 200.

CC′ n'est pas perpendiculaire sur les plans des bases, et il ne coïncide pas avec la hauteur C′O du cylindre.

Dans cet ouvrage, nous ne considérerons que les cylindres à bases circulaires; mais ce nom convient à tous les prismes ayant pour base une figure terminée par une ligne courbe quelconque.

455. Si les bases d'un prisme quadrangulaire sont des parallélogrammes, le corps est terminé par six faces parallélogrammiques, et on lui donne le nom particulier de *parallélipipède*.

Le parallélipipède peut être *droit* (*fig.* 201), ou *oblique* (*fig.* 202).

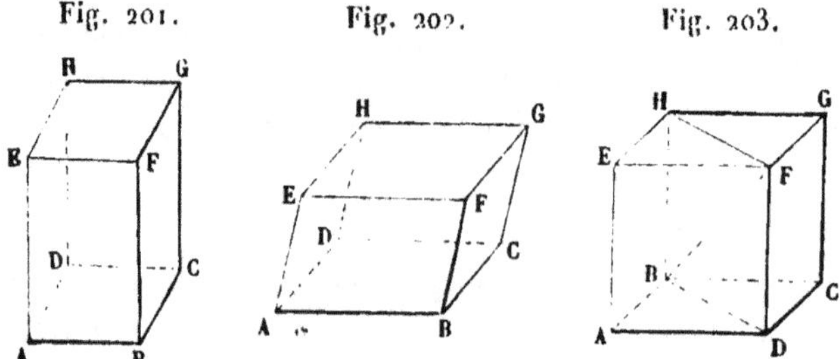

Fig. 201.   Fig. 202.   Fig. 203.

Il est oblique lorsque quatre faces au moins sont des parallélogrammes obliques, parce qu'alors les arêtes latérales ne peuvent jamais être perpendiculaires aux plans des bases. Dans le parallélipipède droit quatre faces sont des rectangles; les deux autres, que l'on peut toujours prendre pour bases, ainsi que nous allons le démontrer (n° 457), doivent être des parallélogrammes obliques. Si les six faces sont des parallélogrammes rectangles, la figure prend le nom de *parallélipipède rectangle* (*fig.* 203).

5.

Dans ce dernier cas, si les faces sont des carrés, le parallélipipède est un *cube*. Les six faces du cube sont des carrés égaux, et les douze arêtes qu'il contient sont aussi égales entre elles. Dans un parallélipipède quelconque les douze arêtes sont quatre à quatre égales et parallèles. Enfin dans le parallélipipède rectangle et dans le cube les angles polyèdres sont des angles trièdres tri-rectangles.

THÉORÈME I.

456. *Dans un parallélipipède deux faces opposées sont des parallélogrammes égaux et parallèles.*

La proposition est vraie par définition (n° 450) pour les bases ABCD et EFGH (*fig*. 202); il reste à la démontrer pour deux faces latérales ADHE et BCGF, par exemple. Or AD et BC sont deux droites égales et parallèles comme côtés opposés d'un parallélogramme, il en est de même de AE et BF; donc les angles DAE et CBF sont égaux, par conséquent les parallélogrammes ADHE et BCGF sont égaux (n° 166) et leurs plans sont parallèles (n° 374).

457. Il résulte de là que l'on peut prendre pour bases d'un parallélipipède deux faces opposées *quelconques*. Si dans un parallélipipède droit on considère comme bases deux des faces rectangulaires, les faces latérales ne sont plus perpendiculaires aux plans des bases; mais on ne peut pas néanmoins considérer le parallélipipède comme ayant cessé d'être droit.

THÉORÈME II.

458. *Les quatre diagonales d'un parallélipipède se coupent en un même point, qui est le milieu de chacune d'elles.*

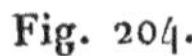

Fig. 204.

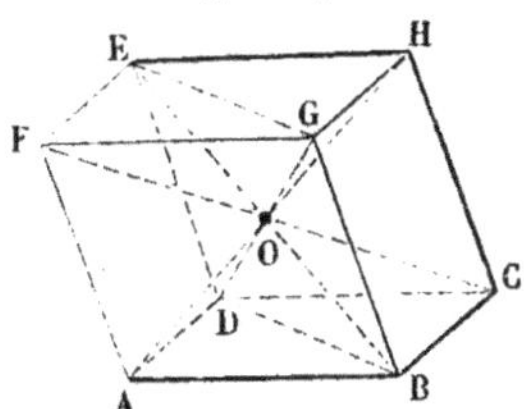

Dans un polyèdre quelconque, on nomme *diagonale* une droite unissant deux sommets non situés sur une même face. Dans le parallélipipède (*fig.* 204) le sommet A est dans une même face avec chacun des autres, excepté avec le sommet H. Je nomme alors *sommets opposés* ces deux sommets A et H ; de même B et E, C et F, D et G sont des sommets opposés. La droite BE qui unit deux sommets opposés est une diagonale.

Considérons les deux diagonales BE et DG, les arêtes parallèles et égales BG et DE sont deux côtés opposés d'un parallélogramme BDEG (n° 160) ; donc les diagonales BE et DG se coupent en leurs milieux au point O. On démontrera de même que chacune des deux autres diagonales AH et CF doivent couper BE, par exemple, en son milieu O, et que ce point est aussi le milieu de ces dernières diagonales.

THÉORÈME III.

459. *Si le parallélipipède est rectangle* (*fig.* 203), *le carré d'une diagonale est égal à la somme des carrés des trois arêtes qui aboutissent à un même sommet.*

Car les triangles rectangles ABD et BDF donnent

$$\overline{BD}^2 = \overline{AB}^2 + \overline{AD}^2 , \quad \overline{BF}^2 = \overline{BD}^2 + \overline{DF}^2 .$$

d'où, en remarquant que DF = AE.

$$\overline{BF}^2 = \overline{AB}^2 + \overline{AD}^2 + \overline{AE}^2 .$$

On conclut de là que, *dans le parallélipipède rectangle, les quatre diagonales sont égales.*

460. Si la figure est un cube, toutes les arêtes sont égales et l'on on conclut

$$\overline{BF}^2 = 3 \overline{AB}^2 . \quad \text{d'où} \quad BF = AB\sqrt{3}.$$

Si AB était le rayon d'un cercle, cette dernière formule donnerait aussi le côté du triangle équilatéral inscrit (n° 282), ce qui fournit un moyen facile de construire la diagonale d'un cube.

461. Deux polyèdres dont toutes le parties constituantes sont égales chacune à chacune, ne peuvent pas toujours coïncider ; il faut en outre que les parties égales soient disposées dans le même ordre et dans le même sens, ce que nous supposerons dans la suite de ce chapitre, lorsque nous voudrons établir une superposition. Nous étudierons à part les polyèdres symétriques.

Théorème IV.

462. *Deux prismes droits de même base et de même hauteur sont égaux.*

En effet, nous pourrons placer la base A′B′C′D′E′ (*fig.* 205)

Fig. 205.

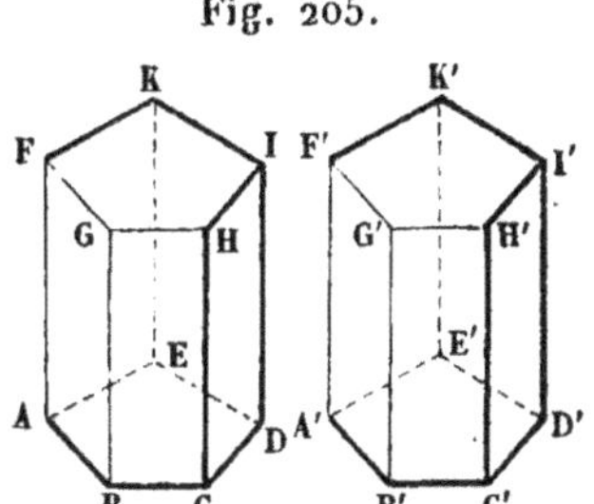

sur son égale ABCDE, l'arête A′F′ perpendiculaire sur le plan A′B′E′ prendra la direction de l'arête AF perpendiculaire sur le plan ABE; et comme elles sont égales, le point F′ tombera en F. Par la même raison, les autres sommets G′, H′, I′, K′ tomberont sur G, H, I, K, et les deux prismes coïncideront. Ce théorème n'est d'ailleurs qu'un cas particulier du suivant.

Théorème V.

463. *Deux prismes obliques sont égaux lorsqu'ils ont les bases égales et une face latérale égale et également inclinée sur les plans des bases.*

Fig. 206.

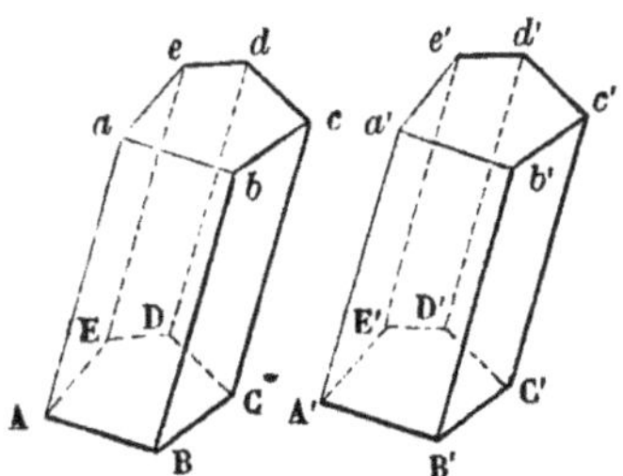

Soient les deux prismes obliques (*fig.* 206), dans lesquels nous supposons les bases ABCDE et A'B'C'D'E' égales ainsi que les faces latérales AB*ba* et A'B'*b'a'*, en outre l'angle dièdre AB égal à l'angle dièdre A'B'. Plaçons le second prisme sur le premier de manière à faire coïncider les bases égales. A cause de l'égalité des angles dièdres, la face A'B'*b'a'* se placera sur AB*ba*, et comme elles sont égales, elles coïncideront, et les points *a'*, *b'* tomberont sur *a*, *b*. Les arêtes latérales d'un prisme étant toutes égales et parallèles, C'*c'*, D'*d'*, E'*e'* s'appliqueront sur C*c*, D*d*, E*e*, et les points *c'*, *d'*, *e'* tomberont en *c*, *d*, *e*. Les deux prismes coïncidant sont égaux.

464. Dans le cas particulier des prismes triangulaires, ils sont égaux lorsqu'ils ont deux faces égales et également inclinées entre elles. Il en est de même de deux parallélipipèdes, car en prenant une des faces égales pour base, on les fait rentrer dans le théorème précédent. La superposition s'effectue avec facilité.

THÉORÈME VI.

465. *Les sections faites dans un prisme par deux plans parallèles sont des polygones égaux.*

En effet, les arêtes latérales d'un prisme étant parallèles, ainsi que les intersections LM et QR, MN et RS, NO et ST,... *(fig.* 207)

Fig 207.

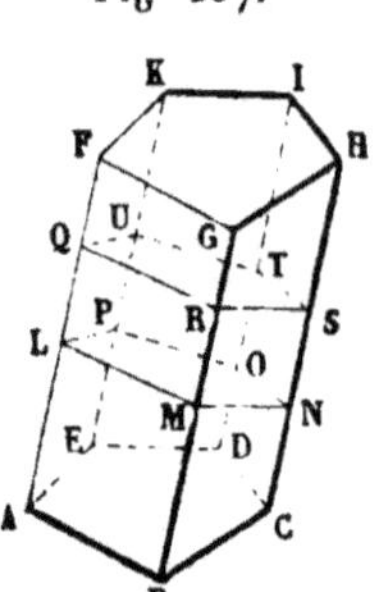

des plans sécants parallèles par une même face (n° 362), les figures LMRQ, MNSR,..., sont des parallélogrammes; on a donc (n° 160)

$$LM = QR, \quad MN = RS, \quad NO = ST, \dots ;$$

et, puisque les côtés égaux sont aussi parallèles, les angles des deux polygones LMNOP et QRSTU sont égaux chacun à chacun en même temps que les côtés ; donc ces deux polygones sont égaux.

466. Si le plan sécant est perpendiculaire aux arêtes latérales, la section est dite *section droite du prisme oblique*. La base d'un prisme droit est elle-même la section droite.

THÉORÈME VII.

467. *Un prisme oblique est équivalent à un prisme droit ayant pour base la section droite du prisme oblique, et les arêtes latérales de même longueur.*

Par les extrémités d'une même arête AF (*fig.* 208), ou par deux

Fig. 208.

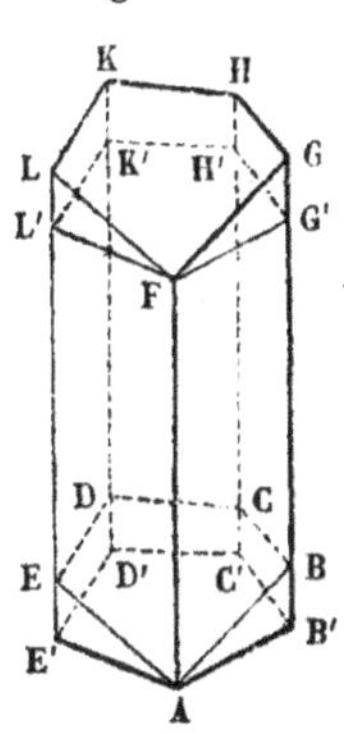

points pris sur la droite indéfinie AF à une distance égale à l'arête, je fais passer deux plans perpendiculaires aux arêtes latérales ; les sections droites AB′C′D′E′ et FG′H′K′L′ sont des polygones égaux et parallèles (n° 465) et sont les bases d'un prisme droit AB′C′D′E′H′, que je dis équivalent au prisme oblique ABCDEH.

En effet, la figure AB′C′D′E′FGHKL peut se décomposer en deux parties des deux manières suivantes :

1° Prisme oblique ABCDEH + polyèdre ABCDEE′D′C′B′ ;
2° Prisme droit AB′C′D′E′H′ + polyèdre FGHKLL′K′H′G′.

Si nous prouvons que les deux polyèdres sont égaux, il en résultera bien que les deux prismes ont aussi des volumes égaux, ou sont équivalents. Pour cela portons le polyèdre FGHKLL'K'H'G' sur ABCDEE'D'C'B', en plaçant la section droite FG'H'K'L' sur son égale AB'C'D'E'; les arêtes G'G, H'H, K'K, L'L, perpendiculaires à la première section, prendront les directions des arêtes B'B, C'C, D'D, E'E perpendiculaires à la deuxième section. D'ailleurs, puisque B'G' = BG, en les retranchant de B'G, les parties restantes G'G et B'B sont égales; donc le point G tombera en B; par une raison pareille, les autres sommets H, K, L tomberont en C, D, E; donc les deux polyèdres sont égaux et par conséquent les deux prismes sont équivalents.

468. On prend pour unité de volume un cube dont les arêtes sont égales à l'unité de longueur; toutes les faces de ce cube sont alors des carrés dont le côté est égal à l'unité de longueur; ces carrés sont donc égaux à l'unité de surface.

Si deux côtés d'un parallélogramme rectangle sont exprimés par des nombres entiers, 7 et 4 par exemple, il contient $7 \times 4 = 28$ unités de suface, sur chacune desquelles on pourra placer un cube unité; on formera alors un parallélipipède rectangle dont deux dimensions sont des nombres entiers et la troisième est égale à l'unité, son volume est exprimé par 7×4, qui est la mesure de sa base.

Si, sur ce même parallélogramme, on place plusieurs tranches de cubes pareilles à la précédente, par exemple 6, on formera un parallélipipède rectangle dont les trois dimensions sont les nombres entiers 7, 4, 6, et son volume est exprimé par le produit

$$7 \times 4 \times 6 = 28 \times 6.$$

Donc, tant que les arêtes sont exprimées par des nombres entiers, le volume d'un parallélipipède rectangle est donné par le produit de ses trois dimensions, c'est-à-dire des trois arêtes qui aboutissent à un même sommet, ou encore par le produit de sa base par sa hauteur. Cela signifie que, si l'on prend le mètre, le mètre carré et le mètre cube pour unités de longueur, de surface et de volume, le nombre de mètres cubes contenus dans l'espace occupé par le parallélipipède rectangle est égal au produit du nombre de mètres carrés contenus dans la base, multiplié par le nombre de mètres contenus dans la hauteur (*fig.* 209).

Fig. 209.

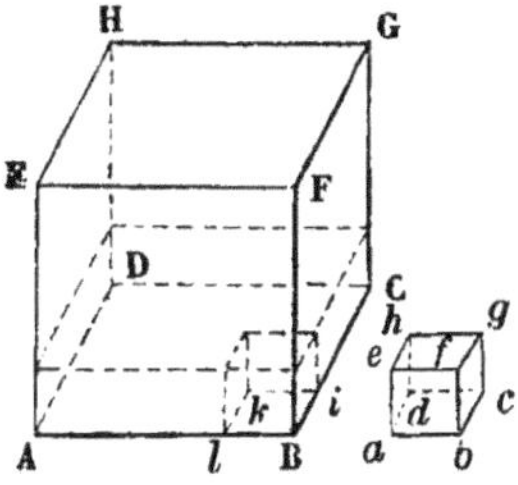

Cette expression du volume pourrait s'étendre au cas des dimensions fractionnaires ou incommensurables, comme pour le parallélogramme (n° 174); mais je préfère déduire cette mesure d'une démonstration pareille à celle donnée pour les angles dièdres (n° 402), et qui résulte du théorème suivant :

Théorème VIII.

469. *Deux parallélipipèdes rectangles de même base sont entre eux comme leurs hauteurs.*

Nous avons vu qu'il faut distinguer deux cas, suivant que les hauteurs ont une commune mesure, ou qu'elles n'en ont pas.

1° Dans le premier cas, on porte la commune mesure sur les hauteurs AE et IN (*fig.* 210); par les points de divisions on fait

Fig. 210.

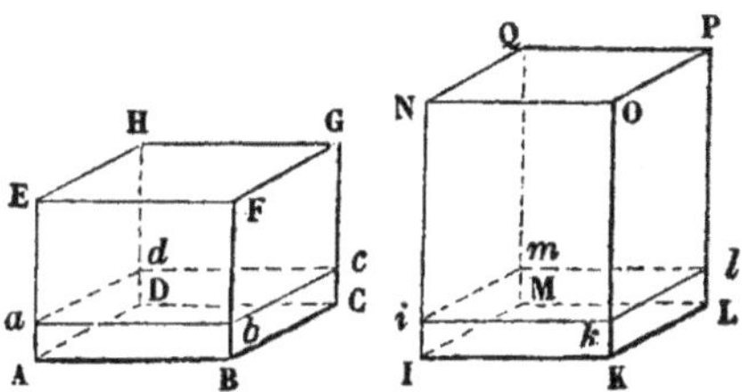

passer des plans parallèles aux bases : alors les parallélipipèdes sont partagés chacun en autant de parties égales que les hauteurs correspondantes, et l'on en conclut

$$\frac{\text{IKLMO}}{\text{ABCDF}} = \frac{\text{IN}}{\text{AE}}.$$

2° Dans le second cas, ayant partagé l'une des hauteurs AE en n parties égales et porté l'une des parties sur IN, puis mené par les points de divisions des plans parallèles aux bases, nous avons trouvé que les deux rapports se composent d'une partie commune et de parties chacune plus petite que $\frac{1}{n}$; leur différence, qui serait aussi celle des deux rapports, est donc plus petite que $\frac{1}{n}$ quel que soit n; il en résulte que cette différence est plus petite que toute grandeur assignable, c'est-à-dire qu'elle est nulle.

Théorème IX.

470. *Deux parallélipipèdes rectangles sont entre eux comme les produits de leurs trois dimensions, ou comme les produits des bases par les hauteurs.*

Soient R et R′ deux parallélipipèdes rectangles ayant respectivement pour dimensions a, b, h et a', b', h'. Au lieu de changer à la fois les trois dimensions de R pour passer à R′, changeons-les successivement une à une, ce qui nous fournira deux parallélipipèdes rectangles intermédiaires; nous aurons alors les quatre rectangles

$$
\begin{aligned}
&\text{R} && \text{dont les dimensions sont} && a, \; b, \; h, \\
&\text{R}_1 && \text{\textquotedbl} && a', \; b, \; h, \\
&\text{R}_2 && \text{\textquotedbl} && a', \; b', \; h, \\
&\text{R}' && \text{\textquotedbl} && a', \; b', \; h'.
\end{aligned}
$$

En comparant R avec R_1, R_1 avec R_2, enfin R_2 avec R′, les parallélipipèdes comparés ont toujours deux dimensions communes, et l'on en conclut

$$\frac{\text{R}}{\text{R}_1} = \frac{a}{a'}, \quad \frac{\text{R}_1}{\text{R}_2} = \frac{b}{b'}, \quad \frac{\text{R}_2}{\text{R}'} = \frac{h}{h'},$$

d'où, en multipliant membre à membre et supprimant les facteurs $R_1 R_2$ communs aux deux termes du premier rapport

$$\frac{R}{R'} = \frac{a.b.h}{a'.b'.h'}.$$

Les produits ab et $a'b'$ représentant les surfaces des bases B et B′ (n° 174), les parallélipipèdes sont donc entre eux comme les produits des bases par les hauteurs.

471. La dernière égalité peut s'écrire sous les formes

$$\frac{R}{R'} = \frac{a}{a'} \times \frac{b}{b'} \times \frac{h}{h'}, \quad \text{ou} \quad \frac{R}{R'} = \frac{B}{B'} \times \frac{h}{h'}.$$

Si nous supposons que R′ soit l'unité de volume, le premier membre, toujours égal au second, exprimera la mesure de R (*Arithmétique*, n° 3). Si cette unité de volume a été choisie de manière que a', b', h' soient égales à l'unité de longueur, les rapports $\frac{a}{a'}$, $\frac{b}{b'}$, $\frac{h}{h'}$ donneront respectivement les mesures de a, de b et de h, et alors on conclut de la première forme que

mesure de R = mesure de $a \times$ mesure de $b \times$ mesure de h.

Dans cette hypothèse, B′ est aussi l'unité de surface (n° 173), et le rapport $\frac{B}{B'}$ donne la mesure de la base B, d'où

mesure de R = mesure de B $\times$ mesure de h.

De là on conclut que *le nombre qui exprime le volume d'un parallélipipède rectangle est égal au produit des nombres qui expriment les longueurs de ses trois dimensions*, ou aussi *au produit des nombres qui expriment la surface de la base et la longueur de la hauteur*.

On exprime cette idée avec moins d'exactitude et d'une manière plus rapide en disant que *le volume d'un parallélipipède rectangle est égal au produit de ses trois dimensions*, ou aussi *au produit de sa base par sa hauteur*.

472. Un cube étant un parallélipipède rectangle, son volume est aussi donné par le produit des trois arêtes qui concourent au même sommet. Dans le cube ces arêtes sont égales, de sorte que le

volume du cube est exprimé par la troisième puissance du nombre qui exprime la longueur d'une arête. De là vient le nom de *cube* donné en arithmétique à cette troisième puissance d'un nombre.

THÉORÈME X.

473. *Le volume d'un parallélipipède quelconque est égal au produit de sa base par sa hauteur.*

1° Soit le parallélipipède droit ABCDNOPQ (*fig.* 211). Si nous

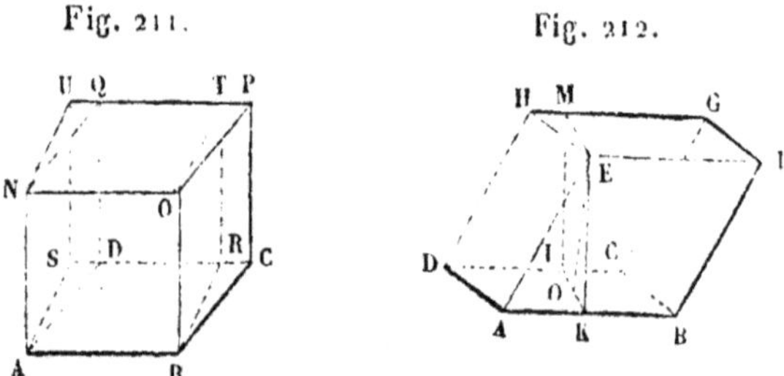

Fig. 211.   Fig. 212.

considérons comme base la face BCPO, le parallélipipède sera, par rapport à elle, dans la position d'un prisme oblique. Construisons les sections droites BRTO et ASUN, nous formerons le parallélipipède rectangle BRTOASUN équivalent au proposé (n° 467) et dont le volume est exprimé par la base ABRS, multipliée par la hauteur AN; mais la base ABRS est équivalente à la base ABCD (n° 179); donc, enfin, le volume du parallélipipède droit est égal au produit de sa base par sa hauteur.

Nous pouvons aussi conclure de cette démonstration qu'*un parallélipipède droit est équivalent à un parallélipipède rectangle de même hauteur et de base équivalente.*

2° Soit le parallélipipède oblique ABCDEFGH (*fig.* 212); considérons-le comme ayant pour base ADHE, il est alors équivalent à un parallélipipède droit ayant pour base la section droite EKLM et pour hauteur l'arête AB (n° 467). Nous pouvons donc conclure que *le volume d'un parallélipipède oblique est égal au produit d'une section droite multipliée par l'arête correspondante.*

Le plan EKL, étant perpendiculaire à AB, est aussi perpendiculaire au plan ABCD (n° 410); si donc nous abaissons EO perpendiculaire sur KL, elle sera perpendiculaire sur le plan ABCD (n° 411):

EO est donc la hauteur du parallélipipède en même temps que la hauteur de la section droite. D'ailleurs KL est perpendiculaire sur AB; donc

$$AB \times KL \times EO = ABCD \times EO,$$

c'est-à-dire que *le volume du parallélipipède oblique est égal au produit de sa base par sa hauteur.*

Théorème XI.

474. *Un prisme triangulaire est la moitié d'un parallélipipède de même hauteur et de base double.*

Soit le prisme ABDEGH (*fig.* 213), j'achève le parallélogramme

Fig. 213.

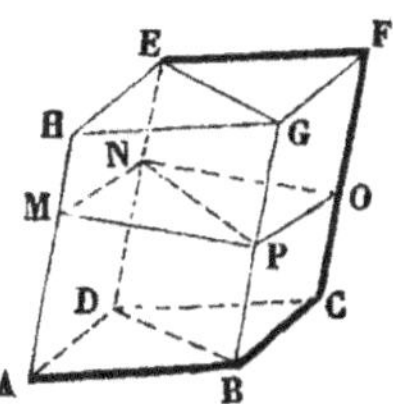

ABCD, double du triangle ABD (n° 182), lequel sera la base du parallélipipède ABCDEFGH composé des deux prismes triangulaires ABDEGH et BCDEFG; coupons le parallélipipède par un plan perpendiculaire aux arêtes, les deux prismes obliques sont équivalents aux prismes droits ayant même hauteur BG et des bases égales MNP et NOP; or ces deux prismes droits sont égaux (n° 462), donc les prismes obliques sont équivalents; donc, enfin, l'un d'eux ABDEGH est la moitié du parallélipipède.

475. Nous conclurons de là que le volume du prisme est la moitié de celui du parallélipipède, c'est-à-dire que *le volume d'un prisme triangulaire est égal au produit de sa base par sa hauteur.*

Théorème XII.

476. *Le volume d'un prisme quelconque est égal au produit de sa base par sa hauteur.*

En effet, un prisme quelconque peut se décomposer en prismes triangulaires ayant pour bases les triangles qui composent la base

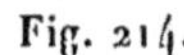

Fig. 214.

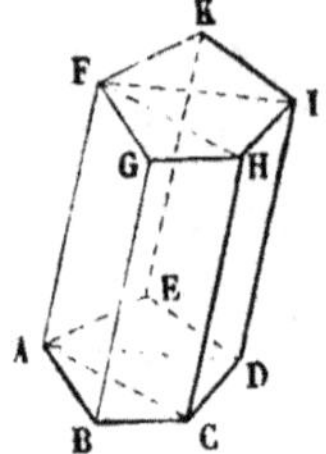

du prisme et pour hauteur celle du prisme polygonal. Alors le volume du prisme polygonal aura pour mesure la somme des triangles, ou la base, multipliée par la hauteur.

Un prisme a évidemment aussi pour mesure le produit de sa section droite multiplié par l'arête (n° 467).

477. De tout ce qui précède nous pouvons conclure que :

1° *Deux prismes quelconques de même hauteur et de bases équivalentes sont équivalents;*

2° *Deux prismes de même hauteur sont entre eux comme leurs bases;*

3° *Deux prismes de bases équivalentes sont entre eux comme leurs hauteurs;*

4° *Deux prismes dont les arêtes latérales ont des longueurs égales sont entre eux comme les surfaces de leurs sections droites.*

478. Les cylindres, qui ne sont que des prismes à base circulaire, sont compris dans les conclusions précédentes; on peut d'ailleurs inscrire un polygone régulier dans la base AB du cylindre (*fig.* 199 et 200), mener par les sommets des parallèles à l'axe jusqu'à leur rencontre avec la base supérieure A'B', en des points qui seront les sommets d'un polygone égal, et l'on formera ainsi un prisme inscrit dans le cylindre. En doublant indéfiniment le nombre des côtés du polygone, le prisme approchera de plus en plus du cylindre, et son volume sera toujours égal au produit de sa base par sa hauteur. Donc aussi à la limite on trouvera que :

Théorème XIII.

Le volume d'un cylindre est égal au produit de sa base par sa hauteur.

Une construction et un raisonnement analogues pourront s'appliquer à des cylindres à bases quelconques.

479. Nous avons vu (*Arithmétique*, n° 218) que les mesures de capacité ont la forme de cylindres droits à base circulaire, et l'on donne à ces cylindres une hauteur égale au diamètre de la base ou une hauteur double de ce diamètre. Si nous nommons V la capacité intérieure de la mesure que l'on veut fabriquer, et R le rayon de la base de ce cylindre, sa hauteur sera $2R$ ou $4R$. Nous aurons donc pour les deux formes

$$V = \pi R^2 \times 2R = 2\pi R^3, \quad V = \pi R^2 \times 4R = 4\pi R^3,$$

d'où nous tirerons les valeurs du rayon de base

$$R = \sqrt[3]{\frac{V}{2\pi}}, \quad R = \sqrt[3]{\frac{V}{4\pi}},$$

formules dans lesquelles il faut avoir soin d'exprimer V en unité cubique correspondante à l'unité linéaire choisie pour évaluer R.

Si, par exemple, on veut avoir le rayon d'une mesure de capacité de 2 litres, la hauteur devant être égale au diamètre de la base, il faudra, dans la première formule, faire $V = 2^{dm\,c}$, et la valeur de R sera exprimée en décimètres, ou faire $V = 2000^{cm\,\bullet}$, et R sera alors exprimé en centimètres. Si nous prenons $\pi = 3,1416$, nous aurons

$$\frac{V}{2\pi} = \frac{1000^{cm\,c}}{3,1416}.$$

En effectuant les calculs, on trouve successivement

$$\frac{V}{2\pi} = 318^{cm\,c},309 \quad \text{et} \quad R = 6^{cm},8.$$

Par suite,

$$h = 13^{cm},6.$$

Si, pour les mesures de la seconde forme, nous cherchons le

rayon du demi-litre, il faudra faire

$$V = 0^{dm\,c},5 = 500^{cm\,c}.$$

d'où

$$\frac{V}{4\pi} = \frac{125^{cm\,c}}{3,1416} = 39^{cm\,c},789 \quad \text{et} \quad R = 3^{cm},4.$$

et, par suite,

$$h = 13^{cm},6.$$

Les valeurs comparées de ces deux exemples devaient se prévoir, car le demi-litre étant le quart du double litre, le rayon devra être la moitié, ce qui donne la même hauteur pour les deux cas.

§ II. — Des pyramides.

480. Une *pyramide* est un polyèdre limité par une face polygonale quelconque, nommée *base*, et dont les autres faces, ou *faces latérales*, sont des triangles qui se réunissent en un point commun, nommé *sommet* de la pyramide.

La *hauteur* de la pyramide est la perpendiculaire abaissée du sommet S (*fig.* 215) sur le plan de la base.

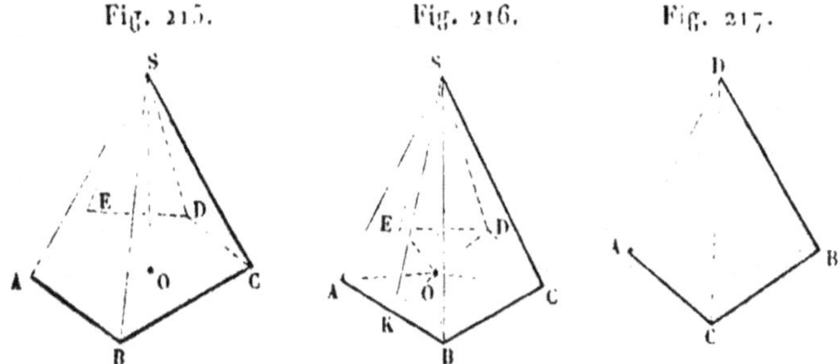

Si la base est un polygone régulier (*fig.* 216) et que la hauteur tombe au centre de ce polygone, la pyramide ne penche d'aucun côté; je la nommerai, par cette raison, *pyramide droite*. Dans ce cas, les arêtes latérales SA, SB.... sont égales (n° 348), et les faces latérales SAB, SBC,... sont des triangles isocèles égaux.

Le nombre des faces latérales d'une pyramide est égal au nombre des côtés de la base, et on peut les désigner comme ces polygones.

Ainsi les pyramides (*fig.* 215 et 216) sont *pentagonales*. Lorsque la base est un triangle (*fig.* 217) la pyramide *triangulaire* qui en résulte compte en tout quatre faces; on l'appelle, par ce motif, *tétraèdre*; toutefois, cette dénomination s'applique plus particulièrement à la pyramide triangulaire, dont les quatre faces sont des triangles équilatéraux égaux.

481. Dans le cas où la pyramide droite ou oblique a pour base un polygone régulier; si l'on conçoit ce polygone inscrit dans un cercle (*fig.* 218) et qu'on double indéfiniment le nombre des côtés,

Fig. 218.   Fig. 219.

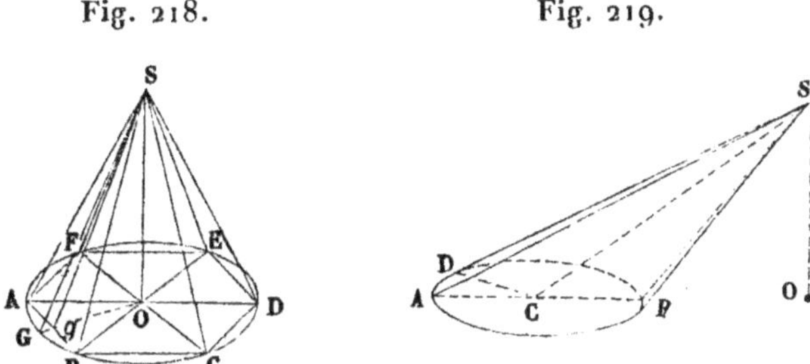

la base de la pyramide tend à se confondre, et se confondra à la limite, avec le cercle. Cette pyramide prend le nom particulier de *cône*. On l'appelle *cône droit,* ou de révolution, si la hauteur tombe au centre du cercle (*fig.* 218), et *cône oblique* si la hauteur rencontre le plan de la base ailleurs qu'au centre; le pied O peut être intérieur ou extérieur au cercle. Les droites, menées du sommet à un point du contour de la base, sont dites les *arêtes* du cône; on les nomme aussi quelquefois *côtés* ou *génératrices*. Enfin, la base circulaire pourrait être remplacée par toute autre à contour curviligne.

THÉORÈME XIV.

482. *Les sections faites dans une pyramide par des plans parallèles sont des polygones semblables.*

1° Soit la pyramide triangulaire S (*fig.* 220); coupons-la par deux plans parallèles. Les triangles ABC, *abc* auront leurs côtés parallèles chacun à chacun, comme intersections de deux plans parallèles par une même face; donc ils sont semblables.

2° Soit la pyramide polygonale T (*fig.* 221). Par l'arête TA et

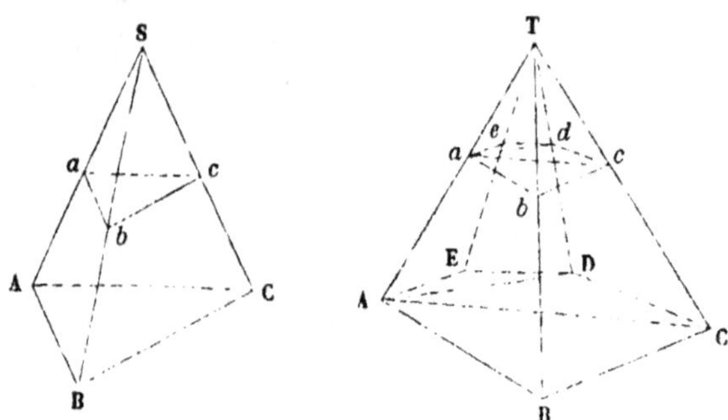

Fig. 220.   Fig. 221.

les arêtes opposées TC, TD, faisons passer des plans, qui décomposeront la pyramide polygonale en pyramides triangulaires ; puis
coupons par deux plans parallèles. Les sections partielles ABC et
abc, ACD et *acd*, ADE et *ade*, faites dans les pyramides triangulaires, sont des triangles semblables ; donc les polygones ABCDE et
abcde sont composés d'un même nombre de triangles semblables
chacun à chacun, et sont semblables (n° 233).

483. L'une des sections pourrait être la base, et alors on dé-
montre que *toute section faite par un plan parallèle à la base est
semblable à cette base.*

THÉORÈME XV.

484. *Les sections parallèles dans une pyramide sont entre
elles comme les carrés des distances au sommet.*

Fig 222.

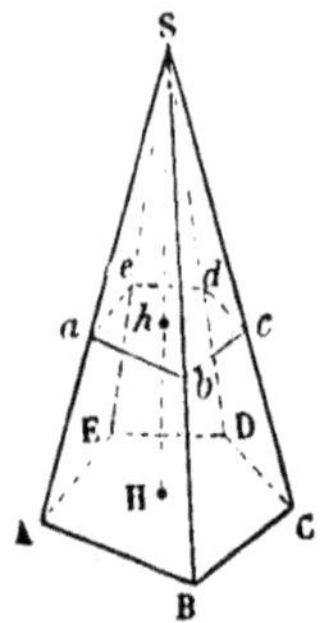

Soit la base ABCDE (*fig.* 222), et une section parallèle *abcde* ;

la perpendiculaire SH sur le plan de la base l'est aussi sur le plan de section ; SH et Sh mesurent les distances au sommet.

Les polygones ABCDE et *abcde* étant semblables (n° 482), on a (n° 244)

$$\frac{ABCDE}{abcde} = \frac{\overline{AB}^2}{\overline{ab}^2} ;$$

mais les triangles semblables SAB et Sab donnent cette autre proportion

$$\frac{AB}{ab} = \frac{SA}{Sa} .$$

Enfin, en concevant par le sommet S un plan parallèle à la base, l'arête SA et la hauteur SH sont coupées en parties proportionnelles, et

$$\frac{SA}{Sa} = \frac{SH}{Sh} ;$$

d'où l'on conclut définitivement

$$\frac{ABCDE}{abcde} = \frac{\overline{SH}^2}{\overline{Sh}^2} .$$

THÉORÈME XVI.

485. *Si l'on coupe deux pyramides de même hauteur par des plans parallèles aux bases et à la même distance, les sections sont entre elles comme les bases.*

En effet, soient les pyramides de même hauteur SABCD et

Fig. 223.

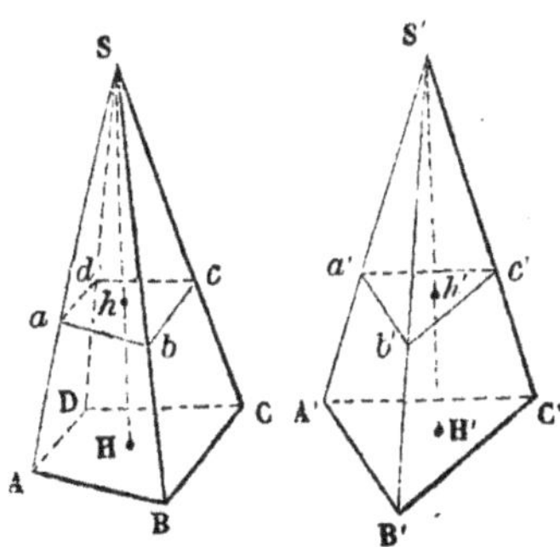

S′A′B′C′ (*fig.* 223), les parties Hh et H′h′ étant égales, les restes

S*h* et S'*h'* le sont aussi. En vertu du théorème précédent

$$\frac{ABCD}{abcd} = \frac{\overline{SH}^2}{\overline{Sh}^2} \qquad \text{et} \qquad \frac{A'B'C'}{a'b'c'} = \frac{\overline{S'H'}^2}{\overline{S'h'}^2}.$$

Les seconds rapports sont égaux, donc les premiers le sont aussi, et, en changeant l'ordre des moyens, il vient

$$\frac{ABCD}{A'B'C'} = \frac{abcd}{a'b'c'}.$$

Si les bases sont équivalentes, les sections sont aussi équivalentes.

Théorème XVII.

486. *Deux pyramides de même hauteur et de bases équivalentes sont équivalentes.*

La nature des bases n'étant jamais mentionnée dans la démonstration qui va suivre, je fais les constructions sur des pyramides triangulaires pour plus de simplicité. Je désignerai ces pyramides par le sommet pour le même motif.

Soient donc les pyramides S et S' (*fig.* 224), ayant des bases

Fig. 224.

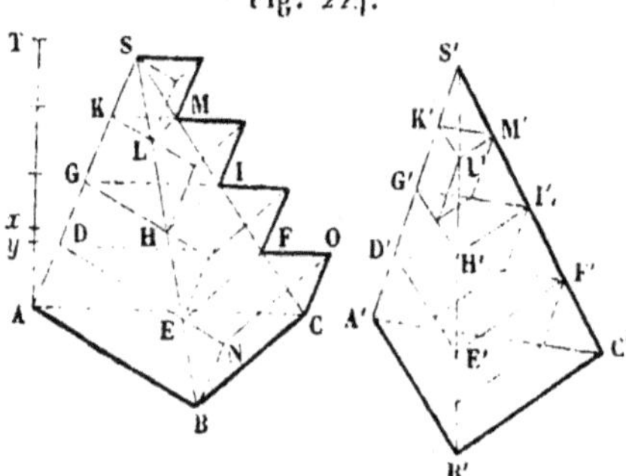

équivalentes et même hauteur. Je les suppose placées de manière que leurs bases soient sur un même plan, et soit AT, perpendiculaire à ce plan, leur hauteur commune. Les trois points S, S' et T sont sur un plan parallèle au plan commun des deux bases. Je partage la hauteur AT en *n* parties égales, et par les points de division, je fais passer des plans parallèles aux bases. Puisque les bases sont équivalentes, les sections faites par le même plan sont aussi équivalentes, et l'on a

$$DEF = D'E'F', \quad GHI = G'H'I', \ldots$$

Cela posé, nous pouvons toujours supposer que la pyramide S n'est pas plus petite que la pyramide S'; alors sur la base ABC et sur chaque section, je construis des prismes ayant pour hauteur la distance de deux plans parallèles. Pour cela, conservant AD pour l'une des arêtes du prisme construit sur la base, par les autres sommets B, C, je mène des parallèles à AD; celle menée du point B se trouve dans la face ADEB, elle rencontre DE en un point N situé en dehors de la pyramide; il en est de même pour toutes les autres, et le prisme ABCDNO ainsi formé est plus grand que la tranche de la pyramide comprise entre les deux mêmes plans; il en sera de même de tous les autres prismes. Pour construire le dernier sur la section KLM, il faut, par le point L, mener une parallèle à KS, et par le point S une parallèle à KL; en continuant ainsi on formera le dernier prisme. Tous les prismes ainsi construits sont en partie en dehors de la pyramide; je désignerai leur somme par P_e, et nous aurons $P_e > S$.

D'un autre côté, au-dessous de chaque section de la pyramide S', construisons des prismes de la même manière; ils seront tous renfermés en entier dans l'intérieur de la pyramide; de sorte qu'en désignant leur somme par P_i, nous aurons $S' > P_i$. En admettant entre S et S' une différence que nous voulons prouver être égale à zéro, nous aurons la suite d'inégalités

$$P_e > S > S' > P_i,$$

d'où résulte

$$S - S' < P_e - P_i;$$

or les prismes construits sur les sections équivalentes sont équivalents; donc $P_e - P_i$ se réduit au prisme ABCDNO, construit sur la base de la pyramide S, et qui a pour hauteur une des parties de $AT = h$. Donc (n° 476)

$$S - S' < \frac{ABC \times h}{n}.$$

Le numérateur $ABC \times h$ est constant, le dénominateur peut être rendu plus grand que toute quantité assignable, alors $\dfrac{ABC \times h}{n}$ deviendra lui-même plus petit que toute grandeur assignable; il en sera donc, à plus forte raison, de même de S — S', c'est-à-dire que l'on aura

$$S - S' = 0, \quad \text{ou} \quad S = S'.$$

Théorème XVIII.

487. *Une pyramide triangulaire est le tiers d'un prisme trian-gulaire de même base et de même hauteur.*

Soit la pyramide EABC (*fig.* 225), j'achève le prisme ABCDEF en menant par A et C des parallèles à BE, par le point E des pa-rallèles à BA et à BC et unissant DF. Après avoir détaché de ce

Fig. 225.

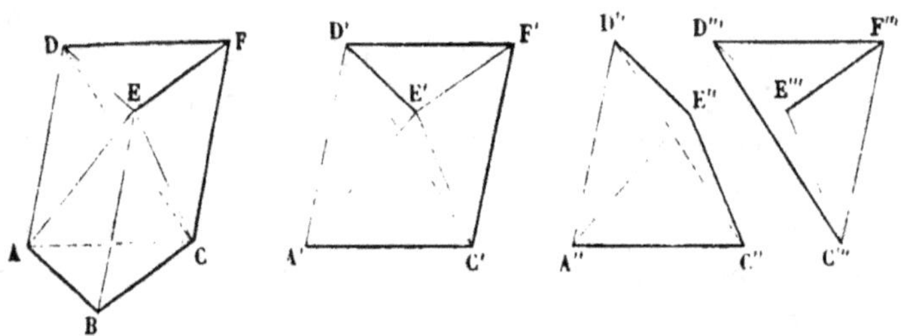

prisme la pyramide EABC, il reste la pyramide quadrangulaire EACFD représentée à part en E'A'C'F'D'. Je fais passer par le sommet E et la diagonale DC un plan qui partage la pyramide quadrangulaire en deux pyramides triangulaires EACD et ECDF, représentées à part en E"A"C"D" et E'''C'''D'''F'''. Le prisme est donc ainsi décomposé en trois pyramides triangulaires

EABC, EACD, ECDF.

Les deux dernières ont des bases égales et même hauteur, elles sont équivalentes. En prenant pour base de la troisième la face DEF, elle aura pour hauteur celle du prisme; donc encore EABC et CDEF sont équivalentes comme ayant des bases égales et même hauteur.

Les trois pyramides triangulaires étant équivalentes, chacune d'elles, et par conséquent la proposée ȨABC, est le tiers du prisme.

488. Si nous considérons une pyramide à base polygonale et le prisme de même base et de même hauteur, la pyramide est équivalente à une pyramide triangulaire de même hauteur et de base équivalente (n° 486); le prisme est aussi équivalent à un prisme triangulaire de même hauteur et ayant même base que la pyramide (n° 477). Mais la pyramide triangulaire est le tiers du prisme triangulaire. Donc :

Théorème XIX.

Une pyramide quelconque est le tiers d'un prisme de même base et de même hauteur.

489. Cette conclusion étant générale appartient aussi à la pyramide et au prisme à base circulaire, c'est-à-dire au cône et au cylindre. Donc :

Théorème XX.

Un cône quelconque est le tiers d'un cylindre de même base et de même hauteur.

490. Le volume du prisme et du cylindre est donné par le produit de la base par la hauteur (n° 476). Donc :

Théorème XXI.

Le volume d'une pyramide ou d'un cône est égal au tiers du produit de sa base par sa hauteur.

491. Si le cône est à base circulaire, R étant le rayon de la base et h la hauteur, son volume V est donné par la formule

$$V = \frac{1}{3}\,\pi R^2 h.$$

§ III. — Des polyèdres quelconques.

492. Un polyèdre quelconque peut être décomposé en pyramides d'une infinité de manières différentes, mais qui reviennent toujours à l'un des deux procédés suivants :

1° Considérer un sommet du polyèdre comme sommet commun

d'une série de pyramides ayant pour bases les diverses faces du polyèdre qui ne passent pas par le sommet considéré;

2.° Prendre dans l'intérieur du polyèdre un point quelconque comme sommet commun d'une série de pyramides ayant pour bases les diverses faces du polyèdre.

493. Pour avoir la valeur d'un polyèdre quelconque, il suffit de le décomposer en pyramides par l'une des méthodes précédentes, de calculer le volume de chaque pyramide (n° 490) et d'en faire la somme.

494. On ne peut pas établir de formule pour calculer le volume d'un polyèdre quelconque; mais il existe quelques corps particuliers pour lesquels cela devient possible. Ce sont le tronc de pyramide à bases parallèles, le tronc de prisme et les polyèdres dont toutes les faces sont également distantes d'un point intérieur.

Dans ce dernier cas, si l'on prend ce point intérieur pour sommet de toutes les pyramides en lesquelles on décomposera le polyèdre par la seconde méthode, toutes ces pyramides auront pour hauteur commune la distance du point intérieur aux diverses faces, et le volume d'un pareil polyèdre aura pour expression le tiers du produit de sa surface totale par la distance de ce point à toutes les faces. Cette expression peut conduire au volume de la sphère, que nous étudierons à part dans un paragraphe particulier.

495. Si l'on coupe une pyramide par un plan, on obtient une section qui peut être considérée comme base d'une seconde pyramide ayant même sommet que la première. Si l'on enlève cette seconde pyramide, la partie restante est ce que l'on nomme un *tronc de pyramide* ou une pyramide tronquée. Si le plan sécant est parallèle à la base, le tronc prend le nom de *tronc de pyramide à bases parallèles;* ce sont les seules pour lesquelles le volume soit exprimé par une formule générale indiquée dans le théorème suivant :

THÉORÈME XXII.

496. *Un tronc de pyramide à bases parallèles est équivalent à la somme de trois pyramides qui auraient pour hauteur commune*

celle du tronc et pour bases : la première, la base inférieure du tronc ; la deuxième, la base supérieure du tronc, et la troisième, une moyenne proportionnelle entre les deux bases du tronc.

La hauteur du tronc est la perpendiculaire comprise entre les plans des deux bases.

Soit le tronc de pyramide triangulaire ABCDEF (*fig.* 226), je le décompose en deux pyramides ayant leur sommet en E, savoir :

Fig. 226.   Fig. 227.

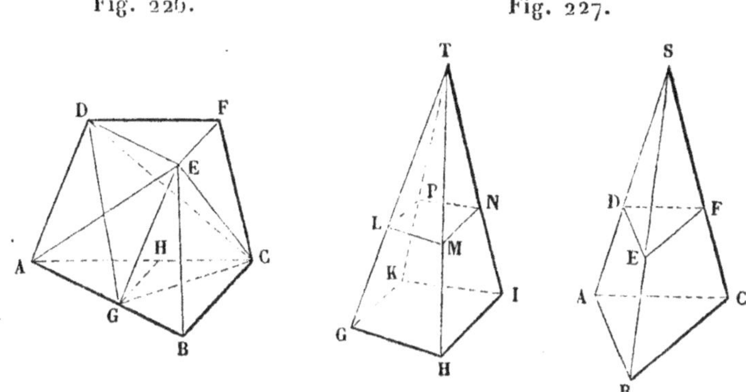

la pyramide triangulaire EABC, qui est la première de l'énoncé, et la pyramide quadrangulaire EACFD.

En coupant cette dernière par le plan CDE, elle est décomposée en deux pyramides triangulaires ECDF et EACD. Si nous considérons la première comme ayant son sommet en C, elle sera la seconde pyramide de l'énoncé, CDEF.

Quant à la pyramide EACD, elle n'est pas la troisième de l'énoncé, mais elle lui est équivalente. En effet, menons EG parallèle à DA et par conséquent au plan ACD de la base (n° 363); puis concevons une pyramide GACD, elle aura même base et même hauteur que EACD et lui sera équivalente. Prenons le point D pour sommet de la nouvelle pyramide, en écrivant DACG, elle aura alors même hauteur que le tronc; il faut faire voir que sa base ACG est moyenne proportionnelle entre ABC et DEF. Pour cela, menons GH parallèle à BC ; les triangles AGH et DEF, tous deux semblables à ABC, ont en outre les côtés égaux DE et AG comme côtés opposés d'un parallélogramme; donc ils sont égaux. Puis

ACB et ACG ont pour bases AB et AG et même hauteur, on a donc

$$\frac{ABC}{ACG} = \frac{AB}{AG}.$$

De même les triangles ACG et AGH, ayant pour bases AC et AH, ont même hauteur et donnent cette autre proportion

$$\frac{ACG}{AGH} = \frac{AC}{AH}.$$

Mais les triangles semblables ABC et AGH donnent encore la proportion

$$\frac{AB}{AG} = \frac{AC}{AH}.$$

Donc les premiers rapports des proportions précédentes sont égaux ; d'où l'on tire, en remplaçant AGH par son égal DEF,

$$\frac{ABC}{ACG} = \frac{ACG}{DEF}.$$

Donc enfin la troisième pyramide triangulaire EACD qui, avec les deux précédentes, compose le tronc de pyramide, est équivalente à une pyramide DACG ayant même hauteur que le tronc et une base moyenne proportionnelle entre les deux bases du tronc.

497. Si le tronc de pyramide GHIKLMNP (*fig.* 227) est à base polygonale, nous construirons sur le plan de la base GI un triangle ABC équivalent au polygone GHIK, et nous le prendrons comme base d'une pyramide SABC de même hauteur que la pyramide TGHIK ; ces deux pyramides seront équivalentes (n° 486). Nous prolongerons ensuite le plan sécant LMNP et nous formerons dans la pyramide triangulaire une section DEF équivalente au polygone LMNP (n° 485). Donc les pyramides supérieures TLMNP et SDEF sont équivalentes, et en les retranchant des pyramides totales les troncs restants sont équivalents. Donc enfin le théorème convient aussi bien aux pyramides polygonales qu'aux pyramides triangulaires.

Cette conclusion est indépendante de la nature polygonale de la base ; elle convient donc aussi au tronc de cône.

498. Si l'on voulait démontrer directement le théorème pour un tronc de pyramide quelconque, mais à bases parallèles, il faudrait le considérer comme la différence de deux pyramides dont les bases sont entre elles comme les carrés des hauteurs, et l'on parviendrait par le calcul à la formule

$$V = \frac{1}{3}\left(B^2 + b^2 + Bb\right)h,$$

en appelant B^2 et b^2 les bases du tronc et h sa hauteur. B et b représenteraient dans cette notation les côtés des carrés équivalents aux bases.

Si le tronc est un tronc de cône à bases circulaires, en désignant par R et r les rayons des bases, ces bases elles-mêmes auront pour expressions πR^2 et πr^2; la base moyenne proportionnelle sera

$$\sqrt{\pi R^2 \times \pi r^2} = \pi R r,$$

et, en mettant π en facteur commun en même temps que la hauteur h, le volume sera exprimé par la formule

$$V = \frac{1}{3}\pi\left(R^2 + r^2 + Rr\right)h.$$

499. Remarquons que ce volume du tronc de cône contient en même temps celui du cône entier en faisant $r = 0$, et celui du cylindre en faisant $r = R$.

500. Les tonneaux ont sensiblement la forme d'un double tronc de cône. En les considérant réellement comme tels, et appelant R le rayon de la *bonde*, ou de la section du tonneau faite à la moitié de sa longueur, r le rayon du *fond*, et h la longueur intérieure du tonneau entre les deux fonds, sa capacité ou son *jaugeage* sera exprimé par

$$V = \frac{1}{3}\pi\left(R^2 + r^2 + Rr\right)h.$$

Mais cette formule donne une capacité trop faible, parce que les *douves* ne sont pas formées par des surfaces planes, de sorte que les deux troncs du cône considérés seraient entièrement inscrits dans l'intérieur du tonneau. Pour tenir compte de cet excédant, on a proposé les deux formules

$$V = \pi \left(\frac{5R + 3r}{8} \right)^2 h, \quad V = \frac{1}{3} \pi \left(2R^2 + r^2 \right) h.$$

THÉORÈME XXIII.

501. *Le volume d'un tronc de prisme triangulaire est équivalent à la somme de trois pyramides qui auraient pour base commune celle du tronc, et pour hauteurs les perpendiculaires abaissées des trois sommets de la section sur le plan de la base.*

Soit le tronc de prisme ABCDEF (*fig.* 228) ayant pour base le
triangle ABC. Le plan ACE le décomposera en deux pyramides :

Fig. 228.

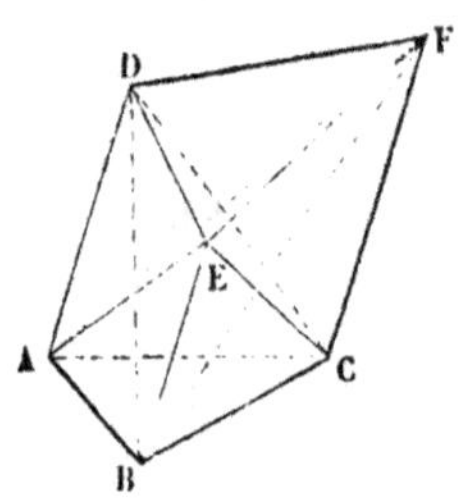

l'une triangulaire EABC, qui sera une de celles de l'énoncé ; l'autre
pyramide quadrangulaire EACFD pourra être décomposée en
deux triangulaires par le plan ECD, savoir : EACD et ECDF, qui
ne sont pas dans les conditions de l'énoncé. Mais la pyramide
EACD est équivalente à une pyramide de même base ACD, et qui
aurait son sommet en B, puisque EB étant parallèle à AD, et par
suite au plan ACD, ces deux pyramides auront même hauteur. En
considérant cette nouvelle pyramide, BACD, comme ayant son
sommet en D, elle aura pour base celle du tronc ABC, et pour
hauteur la perpendiculaire abaissée du sommet D sur le plan ABC :
elle sera donc une seconde pyramide de l'énoncé.

Enfin la pyramide restante ECDF est équivalente à la pyramide
BCDF, à laquelle on peut encore donner le sommet D et l'énoncer
DBCF. L'arête DA étant parallèle à CF et par suite au plan BCF,
la pyramide DBCF est équivalente à la pyramide ABCF ou FABC,
laquelle est alors la dernière pyramide de l'énoncé.

En résumé, le tronc de prisme ABCDEF est composé des trois pyramides triangulaires

$$EABC, \quad EACD, \quad ECDF,$$

respectivement équivalentes aux pyramides

$$EABC, \quad DABC, \quad FABC,$$

qui remplissent les conditions de l'énoncé.

En désignant par e, d, f les hauteurs de ces trois dernières pyramides, et par B^2 leur base commune ABC, le volume du tronc de prisme triangulaire sera donné par la formule

$$V = \frac{1}{3} B^2 (d + e + f).$$

502. Si l'on coupe un prisme oblique par un plan de section droite, on le décompose en deux troncs de prisme, dans lesquels on peut prendre la section droite pour base, et l'on obtient l'expression du volume déjà donné (n° 476). Car en nommant A la longueur des arêtes du prisme oblique ; a, a', a'' les portions des arêtes qui appartiennent à l'un des troncs, les arêtes ou hauteurs de l'autre tronc seront $A - a$, $A - a'$, $A - a''$. Les volumes des deux troncs sont respectivement

$$V' = \frac{1}{3} B^2 (a + a' + a''), \quad V'' = \frac{1}{3} B^2 (3A - a - a' - a''),$$

d'où, en ajoutant pour avoir le volume du prisme entier,

$$V = \frac{1}{3} B^2 \times 3A = B^2 A.$$

La valeur de V' donnerait également le volume d'un tronc de prisme oblique dont a, a' a'' seraient les longueurs des trois arêtes latérales et B^2 la section droite.

THÉORÈME XXIV.

503. *Un tronc de prisme triangulaire est équivalent à un prisme triangulaire de même base, et dont la hauteur est la perpendiculaire abaissée du point de concours des médianes de la section sur le plan de la base.*

Ne considérons dans la figure que les perpendiculaires abaissées des sommets de la section sur le plan de la base, et continuons à désigner par des lettres minuscules les perpendiculaires abaissées des points du plan sécant désignés par les mêmes lettres majuscules.

Ceci établi, menons la médiane EG (*fig.* 229), le point de con-

Fig. 229.

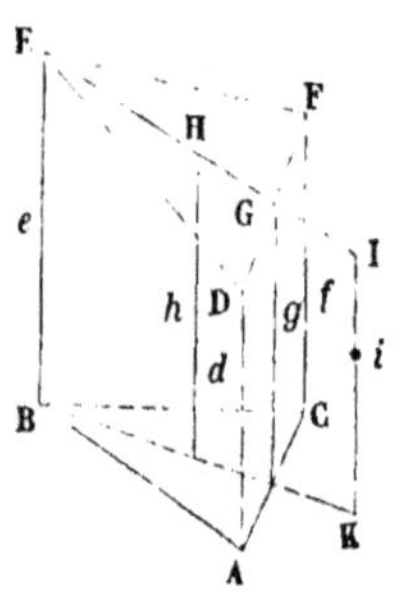

cours des trois médianes est à une distance $GH = \frac{1}{3} EG$; prolongeons EG d'une quantité $GI = GH$, de sorte que $HI = EH$. Puis, par les points G, H, I, abaissons des perpendiculaires sur le plan de la base.

La figure ACFD est un trapèze, donc

$$2g = d + f ;$$

par la même raison

$$2g = h + i ;$$

par conséquent,

$$d + f = h + i.$$

Mais le trapèze BEIK donne aussi

$$e + i = 2h ;$$

ajoutons membre à membre et supprimons i commun de part et d'autre, il reste

$$d + e + f = 3h,$$

ce qui change la formule du volume du tronc de prisme en

$$V = B^2 h,$$

expression du volume d'un prisme de même base B^2 que le tronc et ayant pour hauteur h.

504. L'expression primitive du volume d'un tronc de prisme triangulaire ne convient plus à un tronc de prisme polygonal. Soit, par exemple, le tronc de prisme quadrangulaire ABCDEFGH (*fig.* 230), nous le décomposerons en deux troncs de prismes trian-

Fig. 230.

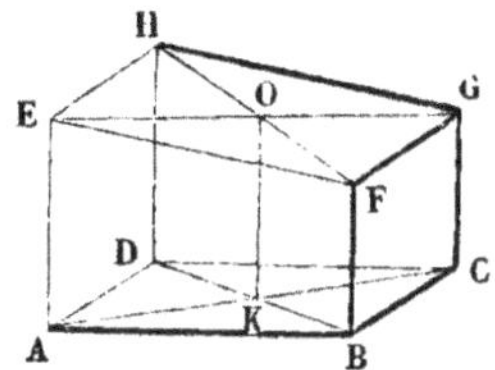

gulaires ABDEFH et BCDFGH, dont les volumes seront respectivement

$$V' = ABD \times \frac{e + f + h}{3}, \qquad V'' = BCD \times \frac{f + g + h}{3};$$

la somme de ces deux volumes donnera celui du tronc, en général sans réduction. Mais si la base ABCD est un parallélogramme, les deux triangles ABD et BCD sont égaux à la moitié de la base totale B^2; de sorte que, dans ce cas,

$$V = B^2 \times \frac{e + 2f + g + 2h}{6}.$$

Les trapèzes ACGE et BDHF donnent

$$e + g = 2OK, \qquad f + h = 2OK,$$

et, par suite,

$$2f + 2h = 4OK,$$

d'où

$$e + 2f + g + 2h = 6OK$$

et

$$V = 2B^2.OK.$$

Donc :

THÉORÈME XXV.

Le volume d'un tronc de parallélipipède a pour expression le produit de sa base multipliée par la perpendiculaire abaissée du point de rencontre des diagonales de la section sur le plan de la base.

505. Les volumes du tronc de prisme triangulaire et du tronc de parallélipipède peuvent être renfermés dans un même énoncé, si l'on remarque que dans le tronc de prisme HK ou $h = \dfrac{d + e + f}{3}$ et dans le tronc de parallélipipède OK $= \dfrac{e + f + g + h}{4}$. Donc (*Algèbre*, n° 64) :

Théorème XXVI.

Les volumes du tronc de prisme triangulaire et du tronc de parallélipipède ont pour expression le produit de leur base multipliée par la moyenne distance des sommets de la section sur le plan de la base.

506. Ces théorèmes conduisent à la cubature ou mesure des volumes des déblais et remblais. Les tas de sable ou de pierre que l'on met sur le bord des routes pour leur réparation ont une forme qui a quelque ressemblance avec le tronc de pyramide à bases parallélogrammiques. Leur base inférieure est un parallélogramme, ainsi que leur base supérieure, et les quatre faces latérales sont des trapèzes dont les plans ont la même inclinaison sur celui de la base. De sorte que les côtés de la base supérieure sont tous plus petits de la même quantité que ceux de la base inférieure. Les deux bases ne sont donc pas des parallélogrammes semblables. En effet, si A et a sont le grand et le petit côté de la base inférieure, $A - i$ et $a - i$ seront ceux de la base supérieure, et l'on sait que $\dfrac{A}{a} < \dfrac{A - i}{a - i}$ (*Algèbre*, n° 127).

Pour calculer le volume d'un pareil remblai, décomposons-le en deux troncs de prismes triangulaires par le plan CDA'B' (*fig.* 231), et soit KLMN la section droite. Nommons a et b le grand et le petit côté de la base inférieure, a' et b' ceux de la base supérieure, h la hauteur du remblai. Les volumes des deux troncs de prisme seront

$$V' = \frac{bh}{2} \cdot \frac{2a + a'}{3}, \qquad V'' = \frac{b'h}{2} \cdot \frac{a + 2a'}{3},$$

et, en ajoutant, le volume du remblai sera

$$V = \frac{h}{3}(ab + a'b') + \frac{h}{6}(ab' + ba').$$

Fig. 231.

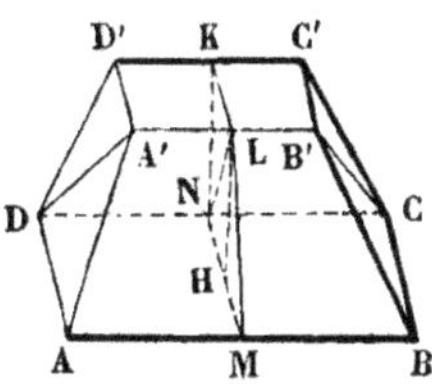

Supposons un remblai de 3 mètres de hauteur, dans lequel

$$a = 147^{\mathrm{m}}, \quad b = 9^{\mathrm{m}}, \quad a' = 143^{\mathrm{m}}, \quad b' = 5^{\mathrm{m}},$$

d'où

$$ab = 1323^{\mathrm{mq}}, \quad a'b' = 715^{\mathrm{mq}}, \quad ab' = 735^{\mathrm{mq}}, \quad ba' = 1287^{\mathrm{mq}},$$

$$V = 2038^{\mathrm{mc}} + \frac{2022^{\mathrm{mc}}}{2} = 2038 + 1011 = 3049^{\mathrm{mc}}.$$

Les tas de sable, ou de pierres cassées, posés sur les bords des routes pour leur entretien, ont

$$a = 2^{\mathrm{m}},5 = \frac{5}{2}, \quad b = \frac{3}{2}, \quad a' = \frac{3}{2}, \quad b' = \frac{1}{2}, \quad h = \frac{1}{2};$$

d'où

$$ab = \frac{15}{4}, \quad a'b' = \frac{3}{4}, \quad ab' = \frac{5}{4}, \quad ba' = \frac{9}{4},$$

et, par suite,

$$V = \frac{1}{6} \cdot \frac{18}{4} + \frac{1}{12} \cdot \frac{14}{4} = \frac{18}{24} + \frac{7}{24} = \frac{25}{24} = 1^{\mathrm{mc}},042 \text{ à peu près.}$$

§ IV. — **Surfaces des polyèdres.**

507. Outre le volume, on a souvent à considérer la surface d'un polyèdre, et surtout de ceux désignés sous le nom de *corps ronds*, comprenant la sphère, qui va nous occuper dans un chapitre particulier, puis le cylindre, le cône et le tronc de cône de révolution.

Dans ces trois corps, la droite qui décrit la surface en tournant autour de l'axe, est nommée *arête*, *côté* ou *génératrice*.

Nous avons vu (n° 499) que le tronc de cône contient comme cas particulier le cône entier et le cylindre, de sorte qu'à la rigueur il devrait nous suffire de déterminer la surface du tronc de cône.

508. Si, sur la surface d'un cylindre A*a*B (*fig.* 232) on trace une série d'arêtes infiniment rapprochées *ab*, *cd*, *ef*, *gh*,..., on la

Fig. 232.

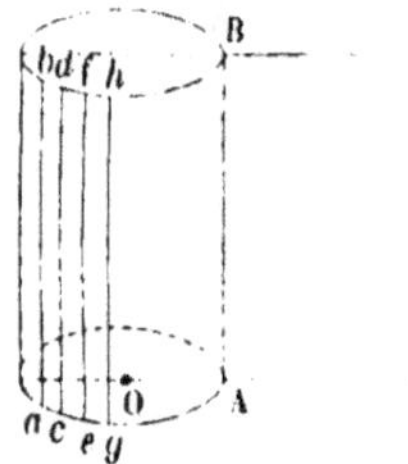

décomposera en petites facettes, qui se confondront avec des parallélogrammes rectangles dont les bases forment ensemble la circonférence de la base du cylindre et qui ont tous même hauteur que le cylindre. Si donc on déroule toutes ces facettes à la suite les unes des autres, elles formeront ensemble un parallélogramme rectangle, ayant même hauteur que le cylindre et une base égale à la longueur de la circonférence. Donc :

THÉORÈME XXVII.

La surface latérale d'un cylindre de révolution est égale au produit de la circonférence de sa base multipliée par sa hauteur.

Si R est le rayon de la base et h la hauteur, on aura

$$S = 2\pi R h.$$

509. La surface totale S' s'obtiendra en ajoutant les surfaces des deux bases, ce qui donnera

$$S' = 2\pi R h + 2\pi R^2 = 2\pi R (h + R).$$

Il est évident que l'expression ci-dessus convient à la surface latérale d'un cylindre ou d'un prisme droit à base quelconque :

elle n'est d'ailleurs qu'un cas particulier du théorème général suivant :

THÉORÈME XXVIII.

510. *La surface latérale d'un prisme ou cylindre quelconque est égale au produit du périmètre de la section droite multiplié par la longueur de l'arête.*

Soit le prisme oblique ABCDEB' (*fig.* 233) et sa section droite

Fig. 233.

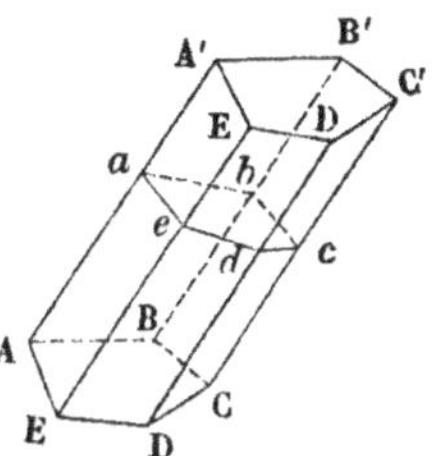

abcde. Les faces latérales sont des parallélogrammes ayant tous pour base une arête latérale du prisme et pour hauteur les côtés *ab*, *bc*,... de la section droite. Donc la surface latérale du prisme est égale à la longueur de l'arête multipliée par la somme des côtés de la section droite, ou le produit du périmètre de la section droite multiplié par la longueur de l'arête. Si le prisme, ou cylindre, est droit, la section droite coïncide avec la base.

511. Les formules

$$V = \pi R^2 h, \quad S = 2\pi R h,$$

qui donnent le volume et la surface latérale d'un cylindre de révolution, contiennent ensemble les quatre quantités variables R, h, V, S. Deux de ces quantités étant connues, on pourra déterminer les deux autres. En les divisant membre à membre, il vient

$$\frac{V}{S} = \frac{R}{2},$$

qui fera connaître V, S, ou R lorsque les deux autres seront connues ; et si h est connue en même temps que V ou S, les formules primitives donneront

$$R = \frac{S}{2\pi h} \qquad \text{ou} \qquad R = \sqrt{\frac{V}{\pi h}}$$

sans double signe, la valeur de R devant être positive.

Soit, par exemple, $h = 4^m.76$, $V = 11^{mc}.692$, nous aurons

$\log 11,692$..........	1.0678888
$\log \pi$.............	0.4971499
$\log 4,76$...........	0.6776070
	1.1747569
$\log R^2$............	$\overline{1},8931319$
$\log R$.............	$\overline{1},9465660$
$0,88423$...........	52 (50)
	8

Donc $R = 0^m.884$ à très-peu près.

Le calcul de S donne ensuite :

$\log 2$..............	$0,3010300$
$\log \pi$.............	$0,4971499$
$\log R$.............	$\overline{1}.9465660$
$\log 4,76$...........	0.6776070
$\log S$.............	1.4223529
$26,445$...........	436 (164)
	93

Donc $S = 26^{mq}.4456$ à peu près.

512. Soit maintenant le cône de révolution SAB (*fig.* 234); traçons sur sa surface les arêtes infiniment voisines Sa, Sb, Sc,...; elles la décomposeront en triangles isocèles égaux et infiniment étroits, que nous placerons à la suite les uns des autres sur un plan. Les points a, b, c,... viendront se placer à une même distance du sommet commun S, et, par conséquent, sur un arc de cercle décrit du centre S avec le rayon SA. L'ensemble de tous ces petits triangles formera un secteur SAC, dont la surface sera égale à la surface latérale du cône, et dont la base AC a une longueur

égale à celle de la circonférence OA. Mais la surface du secteur a

Fig. 234.

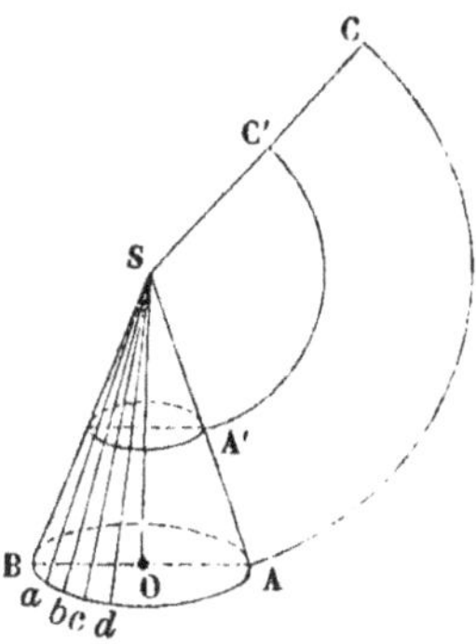

pour mesure le demi-produit de l'arc qui lui sert de base multiplié par le rayon. Donc :

Théorème XXIX.

La surface latérale du cône de révolution est égale à la demi-circonférence de base multipliée par l'arête.

513. En appelant R le rayon de la base et A l'arête, la surface latérale S est donnée par la formule

$$S = \pi RA.$$

Pour avoir la surface totale S′, il faut ajouter la base πR^2; d'où

$$S' = \pi R (A + R).$$

En combinant la formule de la surface latérale avec celle du volume, elles renferment ensemble cinq éléments variables, V, S, R, A, h; il semblerait donc qu'on doit en connaître trois pour calculer les deux autres. Mais si nous remarquons que A, R et h forment un triangle rectangle et sont, par conséquent, liées par la nouvelle relation

$$A^2 = R^2 + h^2;$$

nous aurons trois équations : il faudra donc connaître deux des cinq éléments, et l'on déterminera les trois autres. Si l'on donne R et h, la dernière donne A, dont on ne peut prendre que la valeur positive, et les deux autres équations donneront V et S. On verra facilement la solution de tous les autres cas.

514. Si nous coupons le cône par un plan parallèle à la base, tous les points de la section sont également distants du sommet S, de sorte que cette section viendra se placer dans le développement de la surface conique sur l'arc de cercle A'C', et le secteur SA'C' sera la surface de la pyramide supérieure. Donc la portion de couronne ACC'A' donnera la surface latérale du tronc de cône. Mais cette portion de couronne est égale au produit de la demi-somme des arcs multipliée par l'épaisseur AA'. Donc :

THÉORÈME XXX.

La surface latérale d'un tronc de cône de révolution est égale au produit de la demi-somme des circonférences des bases multipliée par l'arête.

En désignant les rayons OA et IC (*fig.* 235) par R et r, l'arête

Fig. 235.

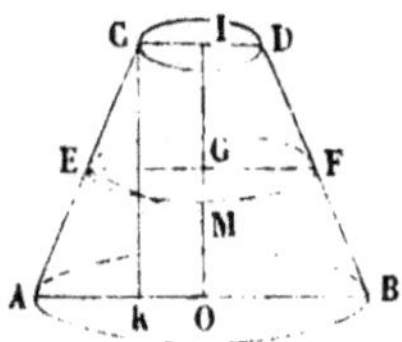

par A, nous aurons la formule

$$S = \pi (R + r) A,$$

qui donne le cône entier en faisant $r = 0$, et le cylindre en faisant $r = R$.

515. Si l'on coupe le tronc de cône par un plan parallèle aux bases et à égale distance des deux bases, le rayon $R' = \dfrac{R + r}{2}$; d'où

$$S = 2\pi R' A,$$

c'est-à-dire que *la surface latérale du tronc de cône de révolution est égale à la circonférence tracée à égale distance des deux bases multipliée par l'arête.*

8.

Dans le cône entier $R' = \dfrac{1}{2}R$, et pour le cylindre $R' = R$, et l'on retrouve les formules relatives à ces deux corps.

516. Enfin, élevons au point E, milieu de l'arête AC et dans le plan ACIO, une perpendiculaire à l'arête; abaissons aussi du point C une perpendiculaire sur OA, nous formerons deux triangles rectangles EGM et ACK semblables, comme ayant les côtés perpendiculaires chacun à chacun, ce qui donne la proportion

$$\frac{AC}{EM} = \frac{CK}{EG} \quad \text{ou} \quad \frac{A}{EM} = \frac{h}{R'};$$

d'où l'on déduit

$$R'A = EM.h,$$

et, en substituant dans la dernière valeur de S, il viendra

$$S = 2\pi EM \times h,$$

c'est-à-dire que *la surface d'un tronc de cône est égale au produit de la circonférence d'un cercle, dont le rayon serait la perpendiculaire élevée au milieu de l'arête et terminée à l'axe, multipliée par la hauteur du tronc.* Dans le cylindre, EM = R.

517. Pour résoudre tous les problèmes relatifs aux troncs de cône, il faut aux deux formules

$$V = \frac{1}{3}\pi\left(R^2 + r^2 + Rr\right)h, \quad S = \pi\left(R + r\right)A,$$

qui donnent le volume et la surface latérale, joindre la relation

$$A^2 = \left(R - r\right)^2 + h^2.$$

Ces formules, relatives aux troncs de cônes, peuvent résoudre les problèmes concernant les surfaces ou les volumes engendrés par des figures planes quelconques tournant autour d'un axe fixe : nous réserverons ces applications pour le chapitre suivant.

CHAPITRE III.
DE LA SPHÈRE.

§ I. — Propositions générales.

518. La *sphère* est un corps géométrique terminé par une surface, dont tous les points sont également distants d'un point intérieur nommé *centre* de la sphère.

Toute droite menée du centre à un point quelconque de la sphère est un *rayon*. Il résulte de cette définition que tous les rayons d'une même sphère sont égaux.

Toute droite passant par le centre et terminée de part et d'autre à la surface est un *diamètre*. Un diamètre est la somme de deux rayons, et, par conséquent, tous les diamètres d'une même sphère sont égaux.

519. Si l'on fait tourner un demi-cercle autour de son diamètre, tous les points de la circonférence resteront à la même distance du centre, et, par conséquent, la surface qu'elle engendrera sera une surface sphérique, ayant son centre au centre même du cercle générateur, et pour rayon le rayon de ce même cercle.

520. Nous devons considérer la surface d'une sphère comme composée d'une infinité de petites facettes planes infiniment étroites. Le plan d'une facette prolongé est dit *plan tangent à la sphère*. La petite facette commune à la surface sphérique et au plan est nommée *point de contact*, parce que l'étendue superficielle de cette facette est trop petite pour qu'il soit possible de l'apprécier, de sorte que nous ne pouvons pas la distinguer du véritable point. C'est dans ce sens qu'on dit quelquefois que le plan tangent n'a qu'un point de commun avec la surface de la sphère. Mais cette expression, même avec le sens restreint que nous venons de mentionner, ne pourrait s'appliquer qu'aux surfaces convexes; il est donc préférable de ne jamais l'employer.

Tout autre plan rencontrant la sphère est un *plan sécant*.

Théorème I.

521. *Toute section faite dans une sphère par un plan est un cercle.*

1° Si le plan passe par le centre de la sphère, le théorème est évident, puisque tous les points de la courbe d'intersection sont à égale distance du centre, et le rayon de ce cercle est égal au rayon de la sphère.

2° Si le plan sécant ne passe pas par le centre; soit O (*fig.* 236) le centre de la sphère, PP′ un diamètre perpendiculaire au plan

Fig. 236.

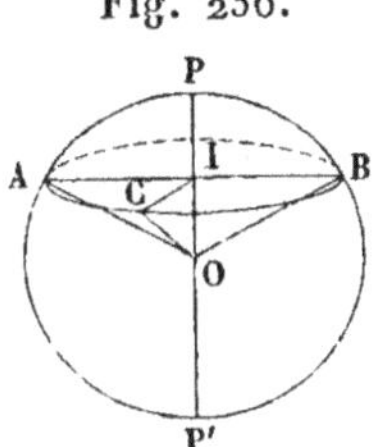

sécant, et APBP′ un cercle décrit sur le diamètre PP′. Soit AB l'intersection du plan sécant et du plan de ce cercle; soit, enfin, ACB la courbe d'intersection. Les droites OA, OB, OC,..., menées du centre aux divers points de la courbe, sont des obliques égales, elles s'écartent également du pied de la perpendiculaire OI; donc IA = IB = IC = ..., et la section est un cercle ayant son centre en I.

522. La droite AB étant plus petite que le diamètre PP′ de la sphère, le cercle ACB est toujours plus petit que le cercle PAP′B. Les cercles, qui ont pour rayon le rayon même de la sphère, sont dits par cette raison *grands cercles* de la sphère. Tous les autres ont le nom de *petits cercles*.

Tous les grands cercles de la sphère sont égaux, mais il n'en est pas de même des petits cercles.

Théorème II.

523. *Les petits cercles sont d'autant plus petits que leur plan est plus éloigné du centre.*

Soit la sphère O (*fig.* 237) coupée par deux plans. Du centre O abaissons sur ces plans les perpendiculaires OF et OG, lesquelles déterminent un plan qui coupe les deux plans sécants suivant des

Fig. 237.

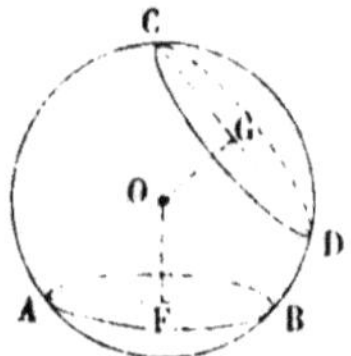

diamètres AB et CD des petits cercles de section. Ces diamètres sont d'autant plus petits qu'ils sont plus éloignés du centre (n° 97), donc aussi les cercles d'intersection sont d'autant plus petits que leur plan est plus éloigné du centre.

Si les plans étaient également éloignés du centre, les cercles d'intersection seraient égaux (n° 94).

Les réciproques de ces deux propositions sont évidentes.

THÉORÈME III.

524. *Deux grands cercles d'une sphère se coupent naturellement en deux parties égales.*

Car les plans de ces grands cercles, passant l'un et l'autre par leur centre, se coupent suivant un diamètre commun aux deux grands cercles (n° 72).

THÉORÈME IV.

525. *Une droite ne peut avoir que deux points communs avec une surface sphérique.*

Car en menant par cette droite un plan, qui coupe la sphère suivant un cercle, la droite ne peut couper cette circonférence qu'en deux points.

THÉORÈME V.

526. *Tout plan de grand cercle coupe la sphère et sa surface chacune en deux parties égales.*

Car si l'on fait tourner la partie supérieure de la figure autour d'un diamètre AB (*fig.* 238) du grand cercle, elle viendra s'appli-

Fig. 238.

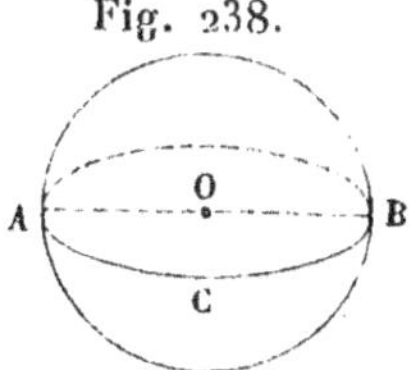

quer exactement sur la partie inférieure, puisque tous les points
doivent rester à la même distance du point O.

THÉORÈME VI.

527. *Le plan tangent à la sphère est perpendiculaire à l'ex-*
trémité du rayon mené au point de contact.

Soit C (*fig.* 239) le point de contact de la sphère et du plan tangent; menons le rayon OC, et, par cette droite, faisons passer un

Fig. 239.

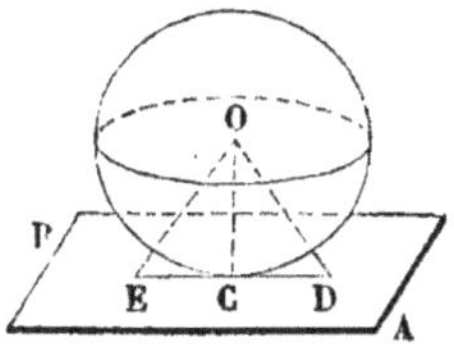

plan de grand cercle quelconque; la tangente DE à ce grand cercle,
étant le prolongement de l'élément rectiligne infiniment petit en C
(n° 78), est située dans le prolongement de la facette élémentaire
en ce même point C, c'est-à-dire dans le plan tangent. Mais cette
tangente DE est perpendiculaire à l'extrémité du rayon OC; donc
le plan tangent n'est autre que celui déterminé par toutes les perpendiculaires à OC au même point C, il est donc lui-même perpendiculaire à l'extrémité du rayon OC (n° 336).

La réciproque de cette proposition est évidente, puisqu'au point C
on ne peut mener qu'un seul plan perpendiculaire à OC.

528. Remarquons que le plan AB, laissant tous les grands cercles
du même côté, laisse la sphère entière du même côté, d'où résulte
que la sphère est une surface convexe, ce qui résultait déjà du
théorème IV.

THÉORÈME VII.

529. *Par deux points donnés sur la surface d'une sphère, s'ils ne sont pas aux extrémités d'un diamètre, on peut toujours faire passer une circonférence de grand cercle et l'on ne peut en faire passer qu'une.*

Car ces deux points et le centre déterminent un plan et ne peuvent en déterminer qu'un. Mais, par ces deux points, on peut faire passer un nombre infini de petits cercles, puisque par la droite qui les unit on peut mener une infinité de plans.

Si les deux points donnés sont aux extrémités d'un diamètre, tous les plans menés par cette droite passent par le centre de la sphère, et, par conséquent, on peut, par ces deux points, faire passer une infinité de grands cercles; mais on ne peut faire passer aucun petit cercle.

530. La perpendiculaire abaissée du centre de la sphère sur un plan sécant passe par le centre du cercle d'intersection (n° 351) et va rencontrer la sphère en deux points P et P' (*fig.* 240 et 241). qu'on nomme les *pôles du cercle*. Il résulte d'un théorème précédent (n° 414) que :

THÉORÈME VIII.

Les pôles de tous les cercles passant par deux points donnés sont sur une même circonférence de grand cercle, dont le plan est perpendiculaire à la droite qui unit les deux points.

THÉORÈME IX.

531. *Tous les points d'une circonférence de cercle sont également distants de chacun de ses pôles.*

Fig. 240.	Fig. 241.

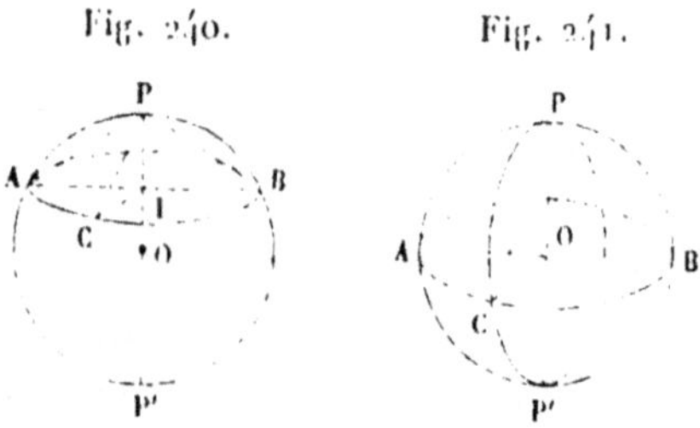

En effet, les obliques, telles que PC (*fig.* 240 et 241), s'écartent toutes également du pied de la perpendiculaire PP′ au plan du cercle, donc elles sont égales.

532. Si, par les points C et le diamètre PP′, on fait passer des plans, ils déterminent des grands cercles, dans lesquels les cordes égales PC sous-tendent des arcs égaux. Donc :

THÉORÈME X.

Les arcs de grands cercles menés du pôle aux divers points d'une même circonférence sont égaux.

Si le cercle considéré est un grand cercle (*fig.* 241), l'angle POC est droit et l'arc PC est un quadrant.

533. Cette propriété des pôles permet de tracer des cercles sur la surface d'une sphère comme sur un plan. Pour cela, on fixe la pointe d'un compas au pôle et l'autre pointe, en faisant tourner le compas, décrit une circonférence de cercle. On courbe ordinairement les branches des compas destinés à cet usage, et on leur donne alors le nom de *compas sphériques.*

Si l'on veut décrire sur une sphère un grand cercle, il faut d'abord déterminer le rayon de la sphère, et alors l'ouverture du compas doit être égale au côté du carré inscrit dans un grand cercle.

PROBLÈME I.

534. *Trouver par une construction plane le rayon d'une sphère.*

Ayant pris deux points M et N (*fig.* 242) sur la surface de la sphère, décrivons de ces points comme pôles, et avec une ouver-

Fig. 242.   Fig. 243.

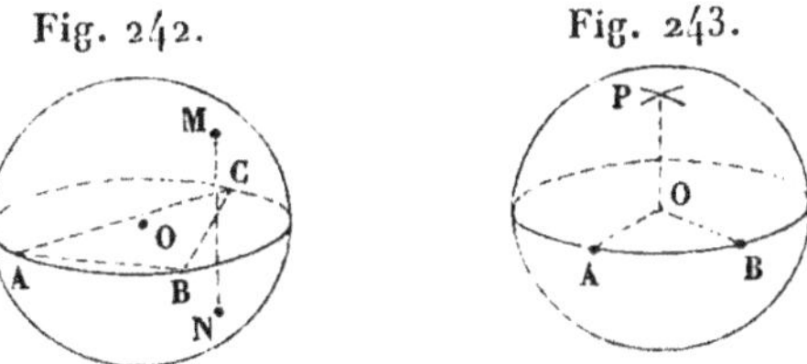

ture de compas convenable, deux arcs de cercle qui se coupent en un point A ; ce point sera également distant des points M et N ; déterminons deux autres points B et C de la même manière. Les trois points A, B, C déterminent le plan perpendiculaire sur le milieu de la corde MN (n° 339), donc il passe par le centre et coupe la sphère suivant un grand cercle. Prenons avec le compas les distances AB, BC et CA, qui seront les trois côtés d'un triangle inscrit dans ce grand cercle, nous pourrons construire le triangle et le cercle circonscrit, dont le rayon sera celui de la sphère.

PROBLÈME II.

535. *Décrire la circonférence du grand cercle passant par deux points donnés.*

Des points A et B (*fig.* 243), comme pôles et avec une ouverture de compas égale à la corde d'un quadrant d'un grand cercle, nous décrirons deux arcs de cercle; ils se couperont au pôle P du grand cercle demandé. Avec le même rayon et du pôle P, nous décrirons un grand cercle qui passera par les points A et B.

THÉORÈME XI.

536. *Les arcs de grands cercles, menés du pôle d'un cercle aux divers points de sa circonférence, sont perpendiculaires sur cette ligne.*

Soit le cercle C (*fig.* 244), son pôle P. Le plan du grand cercle

Fig. 244.

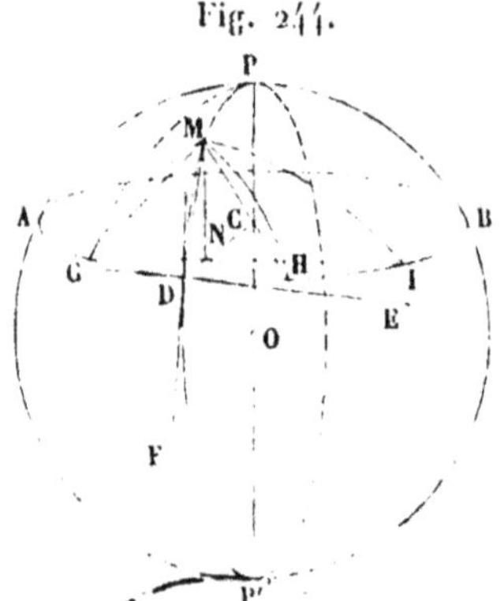

PDP′ est perpendiculaire sur celui du cercle C et le coupe suivant CD (n° 410); la tangente DE au cercle C est perpendiculaire à l'intersection CD (n° 81), donc elle est perpendiculaire au plan du grand cercle (n° 411), et, par conséquent, aussi perpendiculaire à la tangente DF à ce cercle. Les deux tangentes DE et DF étant perpendiculaires entre elles, les deux circonférences de cercle se coupent à angle droit.

Théorème XII.

537. *Par un point donné, autre que le pôle d'un cercle, on peut toujours faire passer une circonférence de grand cercle perpendiculaire à celle du cercle donné, et l'on ne peut en faire passer qu'une.*

En effet : 1° en unissant le point donné M au pôle P, ce grand cercle est perpendiculaire au cercle donné ADB (n° 536);

2° Soit mené un autre grand cercle MG, unissons aussi PG; les tangentes en G aux trois cercles PG, MG et AGB sont sur le même plan tangent à la sphère au point G (n° 527); or la tangente à PG est perpendiculaire à la tangente à GB (n° 536), donc les tangentes à MG et à GB, et, par conséquent aussi, les deux cercles ne sont pas perpendiculaires entre eux : on dit alors qu'ils sont obliques.

Théorème XIII.

538. *Si d'un même point on mène l'arc normal et un arc oblique, l'arc normal, qui ne contient pas le pôle, est plus petit que l'arc oblique.*

En effet, la perpendiculaire MN au plan ABD vient le rencontrer en un point N du rayon CD. La normale ND au cercle ADB est plus courte que l'oblique NG, donc MD est aussi plus petite que MG (n° 348), et, par conséquent, l'arc MD est plus petit que l'arc MG (n° 93).

Théorème XIV.

539. *Deux arcs obliques, qui s'écartent également du pied de l'arc normal, sont égaux.*

Car les obliques NG et NH étant égales, il en est de même de MG et MH, et, par conséquent aussi, les arcs MG et MH sont égaux (n° 94).

540. On démontrera avec la même facilité que, *de deux arcs obliques, s'écartant inégalement du pied de l'arc normal, celui*

qui s'en écarte le plus est plus grand, ainsi que les réciproques de ces propositions.

PROBLÈME III.

541. *Par un point donné faire passer un arc de grand cercle perpendiculaire à un cercle donné.*

Le point donné peut être sur la circonférence en D (*fig.* 244), ou en dehors de la circonférence en M. Dans les deux cas, il faudra prendre sur la circonférence deux points G et H également distants du point donné; de ces points, comme pôles et avec la même ouverture de compas plus grande que la moitié de GH, décrire des arcs de cercle qui se couperont en des points appartenant à l'arc cherché.

Il restera à décrire la circonférence de grand cercle passant par ces points (n° 535).

PROBLÈME IV.

542. *Trouver le pôle d'un cercle tracé sur la sphère.*

En deux points de la circonférence donnée, on élèvera des grands cercles perpendiculaires, et leur point d'intersection sera le pôle cherché.

PROBLÈME V.

543. *Par trois points donnés faire passer une circonférence de cercle.*

La question revient à trouver le pôle du cercle passant par les trois points. Pour cela, soient A, B, C (*fig.* 245) les trois points,

Fig. 245.

nous élèverons un arc de grand cercle perpendiculaire au point milieu de AB, et un autre au milieu de l'arc BC. L'intersection de ces deux arcs sera le pôle du cercle cherché.

Théorème XV.

544. *Par quatre points, non situés sur un même plan, on peut toujours faire passer une surface sphérique, et l'on ne peut en faire passer qu'une.*

Soient A, B, C, D les quatre points; d'après la condition de l'énoncé, trois de ces points ne peuvent pas être en ligne droite. Cela posé, concevons les droites AB, AC, AD, et élevons des plans perpendiculaires sur les milieux de chacune d'elles : les plans élevés sur AB et sur AC se coupent suivant une droite perpendiculaire au plan ABC, et puisque la droite AD n'est pas sur ce plan, le plan perpendiculaire sur le milieu de cette droite coupera la première intersection en un point O, qui sera le centre d'une sphère passant par les quatre points. En effet, ce point O, situé sur le plan perpendiculaire au milieu de AB, est également distant des deux points A et B; par une raison pareille, il est également distant des points A et C et des points A et D. Ce point O, également distant des quatre points A, B, C, D, est donc le centre d'une sphère passant par les quatre points.

Tout point également distant des quatre points donnés doit être contenu à la fois sur les trois plans; il ne peut être qu'à leur intersection O, de sorte qu'il n'y a qu'une surface sphérique passant par les quatre points.

Problème VI.

545. *Par une droite donnée, mener un plan tangent à une sphère donnée.*

Soient la sphère O (*fig.* 246) et la droite AB; par le point O, je

Fig. 246.

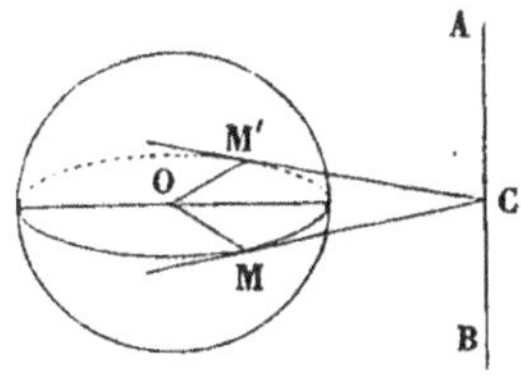

mène un plan perpendiculaire à la droite AB, il coupe cette droite au point C et la sphère suivant un grand cercle, auquel je mène du point C une tangente CM. Les droites CM et AB déterminent un plan tangent à la sphère. En effet, ce plan passant par AB est perpendiculaire au plan OMM′; le rayon OM est perpendiculaire à l'intersection CM, donc il est perpendiculaire au plan ABM, ou, inversement, le plan ABM est perpendiculaire à l'extrémité du rayon OM, et, par conséquent, tangent à la sphère.

Du point C on peut mener une seconde tangente CM′ au cercle OM, ce qui fournit un second plan tangent ABM′. Toutefois, si la droite AB est tangente au cercle O, il n'y a plus qu'un plan tangent; et si la droite AB coupe le cercle, il n'y a plus de plan tangent.

546. Si deux cercles tournent autour de leur ligne des centres, ils engendrent deux sphères, qui ont entre elles les mêmes positions que les deux cercles et caractérisées par les mêmes relations entre leurs rayons et la distance des centres (n° 99).

547. On conclut en particulier que :

THÉORÈME XVI.

Deux sphères se coupent toujours suivant un cercle, dont le plan est perpendiculaire à la ligne des centres et qui a son centre sur cette droite.

Bien entendu que les deux sphères ne peuvent se couper qu'autant que la distance des centres est plus petite que la somme des rayons, mais plus grande que leur différence.

548. On appelle *normale* à une surface courbe une droite perpendiculaire au plan tangent au point de contact. Les droites qui ne remplissent pas cette condition sont dites *obliques*.

La normale à une surface sphérique passe par le centre (n° 527), et elle est normale en chacun des deux points où elle rencontre la surface. Il serait facile de démontrer, comme pour le cercle auquel on se ramènerait, que, si d'un point donné, intérieur ou extérieur à la sphère, on mène tant de droites que l'on voudra se terminant à leur rencontre avec la surface :

1° *La normale qui ne contient pas le centre est plus petite, et celle qui contient le centre est plus grande que toute oblique issue du même point ;*

2° Deux obliques qui s'écartent également de la même normale sont égales ;

3° Les obliques sont d'autant plus grandes qu'elles s'écartent plus de la normale qui ne contient pas le centre.

§ II. — Des figures tracées sur la sphère.

549. Nous ne considérerons dans ce paragraphe que les figures terminées par des arcs de grands cercles. La plus simple de toutes est formée par deux demi-grands cercles ABC et ADC (*fig.* 247); on lui donne le nom de *fuseau sphérique*. Si, au point A, on mène

Fig. 247.

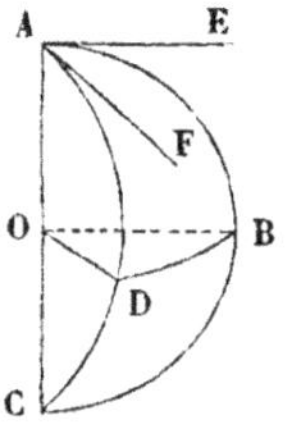

les tangentes AE et AF à ces grands cercles, elles seront perpendiculaires à l'extrémité du rayon OA et mesureront à la fois l'angle des deux grands cercles, ou du fuseau, et celui de leurs plans ; cet angle est donc égal à l'angle BOD, et il a pour mesure l'arc de grand cercle BD, décrit du sommet A comme pôle.

Les autres figures portent en général le nom de *polygones sphériques*. Les arcs de grands cercles qui les terminent en sont les côtés, les intersections de ces côtés sont les sommets du polygone, et les angles qu'ils font entre eux sont les angles du polygone. En unissant tous les sommets au centre, ces rayons seront les arêtes d'un angle polyèdre, dont les faces auront pour mesure les côtés mêmes du polygone et dont les angles dièdres sont les angles du polygone. La correspondance des polygones sphériques et des angles polyèdres donne immédiatement les propriétés suivantes :

550. 1° *Le périmètre d'un polygone sphérique convexe est plus petit qu'une circonférence de grand cercle* (n° 427);

2° *Un côté quelconque d'un triangle sphérique est plus petit que la somme des deux autres, mais plus grand que leur différence* (n° 426);

3° *La somme des angles d'un triangle sphérique n'est pas constante, elle est toujours plus grande que* 2 *droits*, somme des angles du triangle rectiligne, *mais plus petite que* $6 = 2 \times 3$ *angles droits* (n° 431);

4° *En général, la somme des angles d'un polygone sphérique de n côtés est plus grande que* $(2n - 4)$ *angles droits*, somme des angles du polygone rectiligne, *mais plus petite que* $2n$ *angles droits* (n° 434).

551. L'excès de la somme des angles du polygone sphérique sur celle du polygone rectiligne d'un même nombre de côtés est ce qu'on nomme l'*excès sphérique* du polygone. La valeur précédente montre que cet excès sphérique est toujours plus petit que 4 angles droits; il peut avoir toutes les valeurs entre o et 4 droits.

552. De tout ce qui précède, il résulte qu'un triangle sphérique peut avoir deux et même trois angles droits; dans ce dernier cas, on le nomme *trirectangle*. Si, par le centre de la sphère, on fait passer trois plans perpendiculaires entre eux, ils formeront huit angles trièdres trirectangles, et, par conséquent, égaux. La surface de la sphère sera donc aussi partagée en huit triangles trirectangles égaux. Les côtés d'un pareil triangle sont des quadrants.

553. De cette correspondance entre les triangles sphériques et les angles trièdres résultent immédiatement les théorèmes suivants, que je me contenterai d'énoncer :

I. *Deux triangles sphériques sont égaux dans toutes leurs parties :* 1° *s'ils ont les côtés égaux chacun à chacun* (n° 439); 2° *s'ils ont un angle égal compris entre deux côtés égaux chacun à chacun* (n° 438); 3° *s'ils ont un côté égal adjacent à deux angles égaux chacun à chacun* (n° 437); 4° *s'ils ont les trois angles égaux chacun à chacun* (n° 441).

II. *Si deux côtés d'un triangle sphérique sont égaux, les angles opposés sont égaux, et réciproquement. Lorsque les angles sont droits, les côtés sont des quadrants, et réciproquement.*

III. *Si les côtés d'un triangle sphérique sont égaux, les trois angles sont égaux, et réciproquement. Lorsque les angles sont droits, les côtés sont des quadrants, et réciproquement* (n° 532).

IV. *Les arcs de grands cercles perpendiculaires sur les milieux des trois côtés d'un triangle concourent en un même point, qui est le pôle du cercle passant par les trois sommets* (n° 542). En unissant ce point aux trois sommets par des arcs de grands cercles, on forme trois triangles sphériques isocèles.

V. *Les arcs de grands cercles bissecteurs des angles d'un triangle sphérique concourent en un même point, qui est le pôle d'un petit cercle tangent aux trois côtés du triangle.*

554. Si les angles trièdres sont superposables, il en est de même des triangles sphériques; mais si les premiers sont symétriques, les triangles le sont aussi. Toutefois, deux triangles isocèles ne sont jamais symétriques; on peut les superposer en renversant le sens des éléments égaux. Ces théorèmes, et d'autres que l'on pourrait former analogues à ceux relatifs aux triangles rectilignes, pourraient aussi se démontrer en recourant, pour quelques-uns d'entre eux, au théorème suivant :

Théorème XVII.

555. *Si des sommets d'un triangle sphérique comme pôles on décrit des arcs de grands cercles, on forme un second triangle dont les sommets sont les pôles des côtés du premier.*

Des sommets A, B, C (*fig.* 248) du triangle ABC, je décris les

Fig. 248.

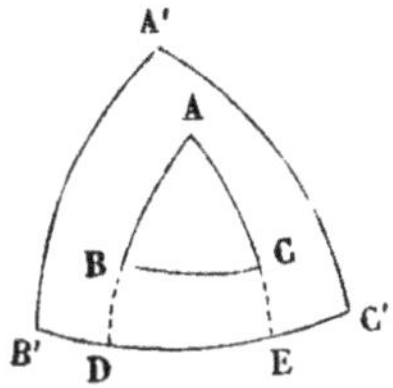

arcs de grands cercles B′C′, A′C′ et A′B′. Le point A′, obtenu en décrivant des arcs de grands cercles des pôles B et C, est le pôle de l'arc BC (n° 535). Par une même raison, les points B' et C' sont respectivement les pôles des arcs AC et AB. Cette propriété a fait donner à ces triangles ABC et A'B'C' le nom de *triangles polaires.*

556. Les trois grands cercles décrits des pôles A, B, C forment huit triangles, dont deux, répondant à des angles trièdres opposés par le sommet, jouissent en outre de cette autre propriété, que *leurs côtés sont les suppléments des angles du triangle proposé, et inversement,* ce qui leur a fait donner encore le nom de *triangles supplémentaires.*

Pour le démontrer, je prolonge, s'il le faut, les côtés AB et AC jusqu'à leur rencontre avec l'arc B'C' décrit du pôle A; l'arc intercepté DE mesure l'angle A (n° 549). Mais B'E et C'D sont des quadrants; donc

$$B'E + C'D = B'C' + DE = B'C' + A = 180°.$$

On verrait de même que

$$A'C' + B = 180°.   A'B' + C = 180°.$$

En prolongeant BC jusqu'aux deux côtés de l'angle A', une démonstration pareille prouverait que

$$BC + A' = 180°,   AC + B' = 180°,   AB + C = 180°.$$

THÉORÈME XVIII.

557. *L'arc de grand cercle, plus petit que la demi-circonférence, est, sur la surface sphérique, la ligne la plus courte que l'on puisse tracer entre deux points.*

1° Nous savons que cet arc de grand cercle est plus petit que tout arc de petit cercle décrit sur la même corde ;

Fig. 249.

2° Soit l'arc de grand cercle AB (*fig.* 249) et une autre ligne quelconque AMNB; prenons un point M et menons les arcs de grands cercles AM et MB; dans le triangle ABM, nous avons

$$AB < AM + MB;$$

menons également les arcs de grands cercles MN et NB, et nous aurons

$$MB < MN + NB,$$

d'où, à plus forte raison,

$$AB < AM + MN + NB.$$

En prenant ainsi un très-grand nombre de points sur la courbe, et les unissant par des arcs de grands cercles, nous obtiendrons un polygone dont le périmètre, toujours plus grand que AB, approchera de plus en plus de la courbe AMNB; donc, à la limite, nous trouverons

$$AB < AMNB.$$

§ III. — De la surface de la sphère.

558. La surface d'une sphère ou d'une portion de sphère peut s'exprimer en mesures métriques, c'est-à-dire en mètres carrés, ou en multiples ou sous-multiples du mètre carré. Mais on peut aussi comparer toutes les parties d'une même sphère à cette sphère entière, ou à une partie déterminée, comme nous avons comparé (n° 86) tous les arcs d'un même cercle au quadrant. Dans ce dernier cas, on prend pour unité la surface d'un triangle sphérique trirectangle, c'est-à-dire la huitième partie de la surface entière de la sphère (n° 552).

559. Si l'on coupe une sphère par un plan BD (*fig.* 250), sa sur-

Fig. 250.

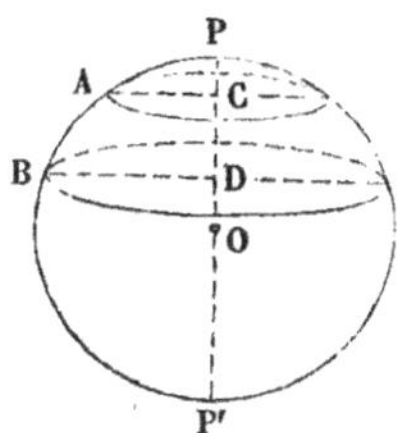

face est partagée en deux parties BPD et BP'D, qu'on appelle *zones sphériques.* On donne le même nom à la portion de surface sphérique comprise entre deux plans parallèles AC et BD. Les circonférences formées par les plans sécants sont dites les *bases* de la zone. Les premières zones considérées sont dites à une base et les dernières à deux bases. Les zones à une base peuvent être considérées comme comprises entre deux plans parallèles, l'un sécant et l'autre tangent.

C'est ainsi que, sur la surface de la terre, on considère, en géographie, cinq zones ; les deux zones glaciales sont à une base et les deux zones tempérées, ainsi que la zone torride, sont à deux bases.

Si, du centre de la sphère, on abaisse une perpendiculaire PP' sur les plans des bases, la portion CD ou DP de cette droite, comprise entre les deux plans, est la *hauteur* de la zone.

La surface de la sphère étant engendrée par la rotation d'une demi-circonférence PABP' autour de son diamètre PP' (n° 519), un arc quelconque BP ou AB de cette demi-circonférence engendrera une zone sphérique.

560. Si une ligne brisée est formée d'éléments égaux et également inclinés entre eux, elle jouit des mêmes propriétés que le périmètre, ou une portion du périmètre, d'un polygone régulier, c'est-à-dire qu'elle est la fois inscriptible et circonscriptible à un cercle, ou, en d'autres termes, qu'on peut faire passer une circonférence de cercle par tous ses sommets ; qu'on peut également tracer une circonférence de cercle tangente à tous ses côtés. Les points de contact sont aux milieux des éléments, et les deux cercles inscrit et circonscrit sont concentriques. Cette ligne brisée est dite, par cette raison, *portion régulière de contour polygonal,* quoiqu'elle ne fasse pas nécessairement partie du périmètre d'un polygone régulier.

THÉORÈME XIX.

561. *La surface engendrée par une portion régulière de contour polygonal, tournant autour d'une droite extérieure menée par son centre, est exprimée par le produit de la circonférence du cercle inscrit, multipliée par la projection du contour polygonal sur l'axe.*

Soient ABCD (*fig.* 251) la portion régulière de contour polygonal, O son centre et xy la droite extérieure autour de laquelle elle

Fig. 251.

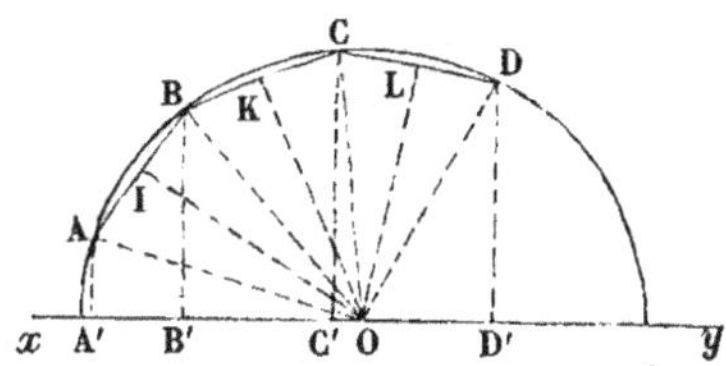

tourne. Chaque élément AB, BC, CD engendrera la surface latérale d'un cylindre, d'un cône ou d'un tronc de cône ; en abaissant du centre O les perpendiculaires OI, OK, OL, nous aurons (n° 516)

$$\text{surf. AB} = 2\pi.\text{OI} \times \text{A}'\text{B}',$$
$$\text{surf. BC} = 2\pi.\text{OK} \times \text{B}'\text{C}',$$
$$\text{surf. CD} = 2\pi.\text{OL} \times \text{C}'\text{D}'.$$

En ajoutant ces formules, et remarquant que OI = OK = OL,

$$\text{surf. ABCD} = 2\pi.\text{OI}\,(\text{A}'\text{B}' + \text{B}'\text{C}' + \text{C}'\text{D}') = 2\pi.\text{OI}.\text{A}'\text{D}'.$$

562. Si, après avoir décrit du centre O le cercle ABCD, on augmente le nombre des éléments du contour polygonal régulier inscrit dans l'arc AD, et qu'on cherche la surface engendrée par le nouveau contour, on trouvera une expression semblable dans laquelle $\text{A}'\text{D}' = h$ reste constante, le rayon OI du cercle inscrit augmente de plus en plus et a pour limite le rayon R du cercle circonscrit. A cet instant, le contour polygonal est devenu l'arc de cercle ; la surface engendrée est celle d'une zone sphérique qui est exprimée par la formule

$$\text{zone} = 2\pi\text{R}.h\,;$$

d'où l'on conclut que :

THÉORÈME XX.

La surface d'une zone sphérique est donnée par le produit de la circonférence d'un grand cercle multipliée par la hauteur.

563. On peut considérer la sphère comme une zone dont la hau-

teur est $2R$; ou mieux encore considérer la zone à une base de hauteur R, qui est une demi-sphère; sa surface est alors $2\pi R.R$, et, en doublant, pour avoir la surface entière de la sphère, on trouve

$$\text{surf. sphère } R = 2\pi R.2R = 4\pi R^2.$$

Donc :

THÉORÈME XXI.

La surface de la sphère est égale au produit de la circonférence d'un grand cercle multipliée par le diamètre.

L'on voit aussi, par la dernière expression, que *la surface d'une sphère est équivalente à quatre fois celle d'un grand cercle.*

PROBLÈME VII.

564. *Quelle est la surface d'une chaudière cylindrique dont le rayon* $r = 0^m,28$, *la longueur* $l = 2^m,35$, *et terminée à ses deux extrémités par des zones sphériques à une base dont la hauteur* $h = 0^m,23$.

La surface de la partie cylindrique est $s' = 2\pi rl$.

Pour calculer celle des deux zones, il faut déterminer le rayon R de la sphère à laquelle elles appartiennent. Soit PB (*fig.* 250) l'arc générateur de l'une des zones; alors

$$BD = r \quad \text{et} \quad DP = h,$$

d'où

$$r^2 = h(2R - h) = 2hR - h^2,$$

d'où l'on tire

$$R = \frac{r^2 + h^2}{2h}.$$

Les surfaces des zones sont alors données par $2S'' = 2\pi(r^2 + h^2)$. Par conséquent la surface de la chaudière sera

$$S = 2\pi(r^2 + rl + h^2).$$

Remplaçons r, l, h par les nombres de l'énoncé, et nous trouverons

$$r^2 + rl = r(r + l) = 0,28.2,63 = 0^{mq},7364 \quad h^2 = 0^{mq},0529,$$

donc

$$r^2 + rl + h^2 = 0^{mq},7893.$$

et par conséquent

$$S = 2\pi . o,7893 = 1^{mq},5786 \times \pi.$$

$$
\begin{aligned}
\log 1,5786 &\dots\dots\dots \quad o,1982721 \\
\log \pi &\dots\dots\dots\dots \quad o,4971499 \\
\hline
& \qquad\qquad\quad o,6954220 \\
49593 &\dots\dots\dots \qquad\qquad 204 \quad (88) \\
\hline
& \qquad\qquad\qquad\quad 26
\end{aligned}
$$

La différence entre le logarithme trouvé dans la table et celui obtenu par le calcul étant moindre que la moitié de la différence tabulaire, nous prendrons

$$S = 4^{mq},9593.$$

565. Si l'on prend le triangle trirectangle pour unité, la surface de la sphère est égale à 8 ; en appelant S la surface d'une sphère et s celle d'une zone de hauteur h, nous avons

$$S = 2\pi R.2R \quad \text{et} \quad s = 2\pi R.h,$$

d'où

$$\frac{s}{S} \quad \text{ou} \quad \frac{s}{8} = \frac{h}{2R},$$

et par conséquent la surface de la zone s'exprimera alors par la formule

$$s = \text{surf. zone} = \frac{4h}{R}.$$

566. Deux demi-grands cercles comprennent entre eux une partie de la surface de la sphère à laquelle on a donné le nom de *fuseau*. L'angle de ces deux demi-grands cercles est l'angle du fuseau. Il est évident que deux fuseaux, qui répondent à des angles égaux, sont égaux, et réciproquement. On démontrerait, par le raisonnement déjà employé dans d'autres occasions (n° 402), que deux fuseaux sont entre eux comme leurs angles.

Or, si l'on coupe la sphère par deux plans de grands cercles perpendiculaires entre eux, la surface est décomposée en quatre fuseaux égaux ; donc chacun d'eux vaut le quart de la surface de la sphère, ou deux triangles trirectangles, et l'angle de ce fuseau est égal à 1. Cela posé, soit A l'angle d'un fuseau F, nommons f le fuseau répondant à l'angle 1, nous aurons

$$\frac{F}{f} = \frac{A}{1} \quad \text{ou} \quad \frac{F}{2} = \frac{A}{1},$$

d'où

$$F = 2A,$$

c'est-à-dire que si l'on prend le triangle trirectangle pour unité de surface sur une sphère donnée, et l'angle droit pour unité d'angle :

THÉORÈME XXII.

La surface d'un fuseau est double de la mesure de son angle.

Par exemple un fuseau, dont l'angle est de 36° 48′, a une surface égale à celle d'un triangle trirectangle multipliée par deux fois le rapport de cet angle à l'angle droit, ou par deux fois $\dfrac{36° 48′}{90°}$; divisant 90 par 2 (*Arith.* n° 171), et traduisant 36° 48′ et 45 degrés en minutes, nous trouverons pour l'aire du fuseau

$$F = \frac{2208}{2700} = \frac{184}{225}.$$

Il résulte de ce théorème qu'un fuseau répondant à l'angle de 45 degrés est équivalent au triangle trirectangle.

567. On peut aussi avoir la surface d'un fuseau exprimée au moyen du rayon de la sphère ; il suffit pour cela de remarquer que $f = \pi R^2$ (n° 563), ou que le triangle trirectangle vaut $\frac{1}{2}\pi R^2$, d'où l'on déduit

$$F = \pi A R^2.$$

Il est entendu que A est exprimé en angle droit. Ainsi, dans l'exemple précédent,

$$A = \frac{36° 48′}{90°} = \frac{92}{225},$$

d'où

$$F = \frac{92}{225}\pi R^2,$$

ce qui est bien les $\dfrac{184}{225}$ de $\dfrac{1}{2}\pi R^2$.

Supposons $R = 3^m,75$, et nous trouverons (*Alg.*, n° 357).

$$
\begin{aligned}
\log 92 \ldots\ldots\ldots\ldots &\quad 1,9637878 \\
\log \pi \ldots\ldots\ldots\ldots &\quad 0,4971499 \\
2.\log R \ldots\ldots\ldots\ldots &\quad 1,1480626 \\
\hline
&\quad 3,6090003 \\
- \log 225 \ldots\ldots\ldots &\quad -2,3521825 \\
\hline
\log F \ldots\ldots\ldots\ldots &\quad 1,2568178 \\
18064\ldots\ldots\ldots &\qquad\quad 39 \quad (241) \\
\hline
&\qquad\quad 39
\end{aligned}
$$

En nous en tenant aux chiffres directement donnés par les tables, nous trouvons $F = 18^{mq},064$.

Si l'on voulait pousser les calculs plus loin, il faudrait remarquer que l'on a employé cinq logarithmes, ce qui donne pour la différence 39 une erreur de moins de 2,5 unités; nous devrions donc diviser 41,5 par 241; les chiffres du quotient seront bons tant que le reste sera au moins égal à 5 unités, et lorsque l'on aura un reste moindre, le chiffre pourra être conservé, si le reste plus le diviseur donnent les 5 unités (*Alg.* n°s 355 et suiv.). Dans ce cas, on ne trouve que le nouveau chiffre 1, le chiffre suivant 7 ne peut pas être conservé; mais comme 5 serait dans tous les cas trop petit, on pourrait prendre $F = 18^{m^q},0642$. L'emploi des logarithmes ne permet pas d'obtenir une plus grande exactitude.

568. Avant de déterminer l'aire d'un triangle ou d'un polygone sphérique, nous devons résoudre le théorème suivant :

Théorème XXIII.

Deux triangles sphériques symétriques sont équivalents.

Fig. 252.

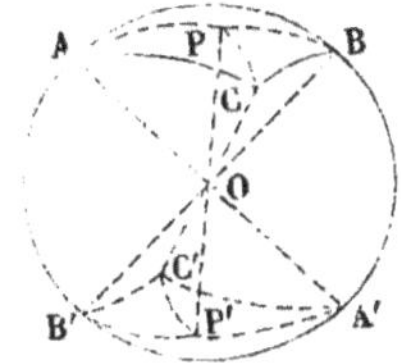

Soit O le centre d'une sphère (*fig.* 252); menons trois diamètres AA', BB', CC', les angles trièdres OABC et OA'B'C' sont symétriques (n° 435), et par conséquent aussi les deux triangles sphériques ABC et A'B'C' (n° 554). Les triangles rectilignes ABC et A'B'C' sont égaux et leurs plans sont parallèles; donc les petits cercles circonscrits sont égaux et ont les mêmes pôles P et P'. On a donc les arcs

$$PA = PB = PC = P'A' = P'B' = P'C'.$$

Cela posé, les triangles isocèles PAB et P'A'B', PBC et P'B'C', PCA et P'C'A' sont égaux. Si les pôles sont, comme dans la figure, situés dans l'intérieur des triangles,

$$ABC = PAB + PBC + PCA. \qquad A'B'C' = P'A'B' + P'B'C' + P'C'A'.$$

et par conséquent les triangles ABC et A'B'C' sont équivalents.

Si les pôles P et P' étaient en dehors des triangles, chacun d'eux serait égal à la somme de deux triangles partiels moins le troisième, et l'on arriverait à la même conclusion.

569. Il résulte de là que si deux demi-grands cercles ABA' et CBC' (*fig.* 253) se coupent sur un même hémisphère, la somme des triangles opposés ABC et A'BC' est égale au fuseau BA'B'C', puisque ABC = A'B'C'. et en ajoutant de part et d'autre le même triangle A'BC'. on a

$$ABC + A'BC' = A'B'C' + A'BC' = \text{fuseau } BA'B'C'.$$

Théorème XXIV.

570. *L'aire d'un triangle et en général d'un polygone sphérique est exprimée par son excès sphérique.*

1° Soit le triangle sphérique ABC (*fig.* 254); chaque côté étant

Fig. 253.   Fig. 254.

plus petit qu'une demi-circonférence, ce triangle est entièrement situé sur la demi-sphère déterminée par le grand cercle ABA′B′. J'achève les demi-grands cercles ACA′ et BCB′. Nous aurons

$$ABC + BCA' = \text{fus. } A = 2A,$$
$$ABC + ACB' = \text{fus. } B = 2B,$$
$$ABC + CA'B' = \text{fus. } C = 2C.$$

En ajoutant, le premier membre se compose de deux fois le triangle ABC plus une demi-sphère, dont la mesure est 4 ; donc

$$2.ABC + 4 = 2A + 2B + 2C,$$

d'où, en transportant et divisant par 2,

$$ABC = A + B + C - 2.$$

571. Si nous remplaçons A, B, C, qui sont les moitiés des fuseaux, par les valeurs (n° 567) $\frac{1}{2}\pi AR^2$, $\frac{1}{2}\pi BR^2$, $\frac{1}{2}\pi CR^2$, et le nombre 2, qui représente le quart de la sphère, par $\pi R^2 = \frac{1}{2}.2\pi R^2$, en mettant $\frac{1}{2}\pi R^2$ en facteur commun, nous aurons

$$ABC = \frac{1}{2}\pi R^2 (A + B + C - 2).$$

572. Supposons sur une sphère quelconque un triangle dont les angles sont A = 125°, B = 80°, C = 75°, d'où

$$A + B + C = 280° = 2^d + 100°,$$

l'excès sphérique est de 100° ou $\frac{100}{90} = \frac{10}{9}$ d'angle droit ; donc la surface du triangle sera les $\frac{10}{9}$ de celle du triangle trirectangle, ou les $\frac{10}{9}$ du $\frac{1}{8}$ de la sphère entière, c'est-à-dire les $\frac{5}{36}$ de $4\pi R^2$ ou $\frac{5}{9}\pi R^2$, qui est bien le résultat fourni par la dernière formule. Si R = 3^m, alors ABC $= 5\pi = 5 \times 3,1416$, ou enfin ABC $= 15^{mq},708$.

573. 2° En décomposant un polygone sphérique en triangles, on verra facilement que l'aire d'un polygone sphérique quelconque

est exprimée par son excès sphérique, c'est-à-dire par la somme de ses angles sur la somme des angles d'un polygone rectiligne plan du même nombre de côtés. Ainsi la somme des angles d'un hexagone est 8 droits ; si la somme des angles d'un hexagone sphérique est $8^{dr} + 150° = 8^{dr} + \dfrac{5^{dr}}{3}$, la surface de cet hexagone sphérique sera les $\dfrac{5}{3}$ du triangle trirectangle construit sur la même sphère, ou les $\dfrac{5}{3}$ du $\dfrac{1}{8}$, c'est-à-dire les $\dfrac{5}{24}$ de la surface entière de la sphère $4\pi R^2$, ou enfin égale à $\dfrac{5}{6}\pi R^2$.

574. Si le polygone sphérique est régulier et qu'on augmente puſéfiniment le nombre des côtés, la surface du polygone devient une zone à une base, pour laquelle nous avons donné une autre expression de la surface (n° 562). La formule précédente ne serait plus applicable, parce qu'alors le nombre des angles est infini, et ils sont tous égaux à 2 droits, pour le polygone plan aussi bien que pour le polygone sphérique, de sorte qu'il devient impossible d'obtenir une valeur de l'excès sphérique.

§ IV. — Du volume de la sphère.

575. La portion du volume de la sphère comprise entre deux plans parallèles est un *segment sphérique*. Les deux cercles d'intersection sont les *bases* du segment, et la perpendiculaire comprise entre les deux plans en est la hauteur. Si l'un des plans devient tangent, le segment est dit *à une base* ; si les deux plans sont sécants, le segment est *à deux bases*.

576. Nous avons déjà dit que la sphère est engendrée par la rotation d'un demi-cercle autour de son diamètre. Le demi-segment circulaire ACP (*fig.* 250) engendrerait dans cette rotation un segment à une base. Une figure telle que CABD, analogue à un trapèze dont l'un des côtés non parallèles est remplacé par l'arc de cercle AB, engendrera un segment à deux bases.

La portion de volume de la sphère engendrée par la rotation d'un secteur circulaire, tel que DOAB (*fig.* 251), porte aussi le nom de *secteur sphérique*. La zone engendrée par l'arc ABCD est dite la *base* du secteur sphérique.

577. Si l'on mène à une sphère quatre plans tangents, ou un plus grand nombre, ils formeront un polyèdre que l'on dit *circonscrit à la sphère*, et la sphère est dite *inscrite dans le polyèdre.* Si du centre de la sphère inscrite on mène des rayons aux points de contact des diverses faces du polyèdre, ils sont tous perpendiculaires à ces faces et mesurent les hauteurs de pyramides ayant leurs sommets au centre de la sphère, et dont la somme constitue le polyèdre. Chacune de ces pyramides ayant pour mesure le tiers du produit de la base par la hauteur, c'est-à-dire de la face du polyèdre par le rayon de la sphère inscrite, le volume total du polyèdre sera donné par le tiers du produit de la surface totale multipliée par le rayon de la sphère inscrite. Cette conclusion est indépendante du nombre des plans tangents ou des faces du polyèdre circonscrit ; elle subsistera donc à la limite lorsque le nombre des plans tangents étant infiniment grand, le polyèdre circonscrit se confondra avec la sphère elle-même. On peut donc déduire de là que *le volume d'une sphère est donné par le tiers du produit de sa surface multipliée par le rayon.*

Nous allons obtenir cette même expression par les recherches suivantes :

578. Proposons-nous d'obtenir le volume engendré par la rotation d'un triangle tournant autour d'une droite menée dans son plan par l'un des sommets, mais ne passant pas dans son intérieur.

Nous distinguerons deux cas, selon que l'axe de rotation est parallèle au côté opposé, ou qu'il va le rencontrer.

Premier cas. — Menons AE, BB', CC' (*fig.* 255 et 256) perpen-

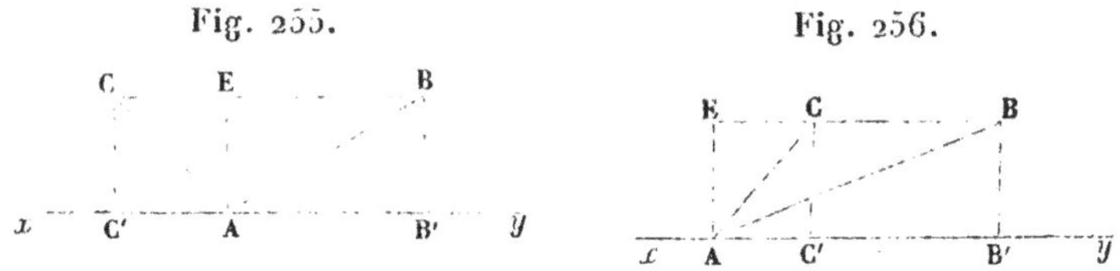

diculaires sur l'axe *xy* ; les triangles ABB' et ACC' engendreront des cônes dont le volume est respectivement le tiers de celui des cylindres engendrés par les parallélogrammes rectangles AEBB' et AECC'; donc les volumes engendrés par les triangles ABE et ACE seront les $\frac{2}{3}$ de ces mêmes cylindres, et l'on aura (n° 478)

$$\text{vol. ABE} = \frac{2}{3}\,\pi.\overline{AE}^2.AB', \quad \text{vol. AEC} = \frac{2}{3}\,\pi.\overline{AE}^2.AC'.$$

En ajoutant (*fig.* 255), ou en retranchant (*fig.* 256), il viendra

$$(1) \qquad \text{vol. ABC} = \frac{2}{3}\,\pi.\overline{AE}^2.B'C'.$$

Mais $2\pi.AE.B'C' = \text{surf. BC}$ (n° 508); nous aurons donc aussi

$$(2) \qquad \text{vol. ABC} = \frac{1}{3}.\text{surf. BC} \times AE.$$

Deuxième cas. — L'axe peut faire avec le côté AB un angle plus ou moins grand, et peut à la limite coïncider avec lui, ce qui nous conduit à subdiviser ce cas ainsi qu'il suit :

1° Le triangle ABC (*fig.* 257 et 258) tourne autour du côté AB.

Fig. 257.   Fig. 258.

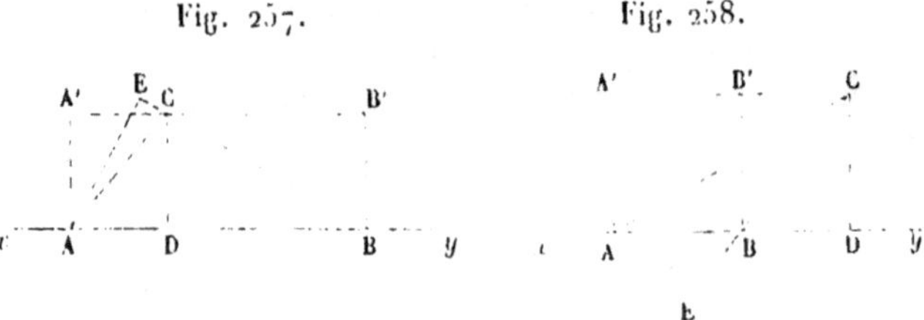

Menons par le sommet C une parallèle au côté AB; d'après le premier cas, le volume engendré par le triangle ABC est le tiers du cylindre engendré par AA'B'B; donc

$$\text{vol. ABC} = \frac{1}{3}\,\pi.\overline{CD}^2.AB.$$

Mais $CD \times AB = BC \times AE$, ces deux produits exprimant l'un et l'autre la double surface du triangle; d'un autre côté $\pi.CD \times BC = \text{surf. BC}$ (n° 513). Nous aurons donc encore

$$(3) \qquad \text{vol. ABC} = \frac{1}{3}\,\text{surf. BC} \times AE.$$

2° Le triangle ABC ($fig.$ 259) tourne autour de l'axe extérieur Ay. Je prolonge CB, qui va rencontrer l'axe en D, et j'abaisse AE

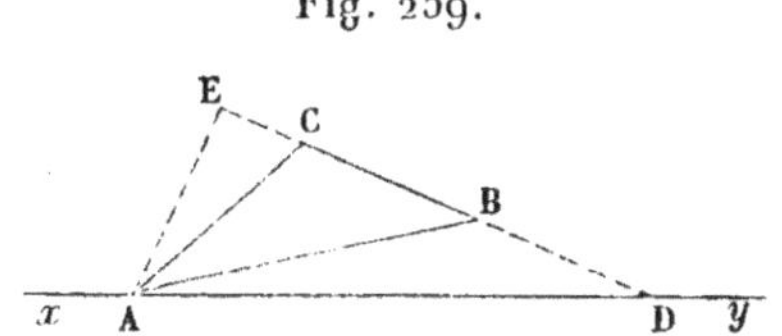

Fig. 259.

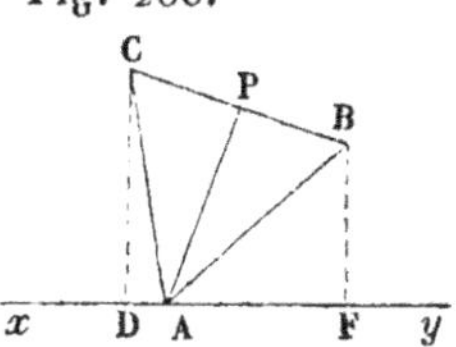

Fig. 260.

perpendiculaire sur BC. Nous avons

$$ABC = ACD - ABD,$$
$$\text{vol. } ABC = \text{vol. } ACD - \text{vol. } ABD,$$
$$\text{surf. } BC = \text{surf. } CD - \text{surf. } BD.$$

Mais la formule (3) donne

$$\text{vol. } ACD = \tfrac{1}{3}\text{surf. } CD \times AE, \quad \text{vol. } ABD = \tfrac{1}{3}\text{surf. } BD \times AE;$$

donc en retranchant

$$(4) \qquad\qquad \text{vol. } ABC = \tfrac{1}{3}\text{surf. } BC \times AE.$$

3° Cette dernière formule convient quelle que soit la forme du triangle ABC; mais si ce triangle est isocèle ($fig.$ 260), au lieu de surface BC remettons sa valeur $2\pi.AP \times DF$ (n° 516), et remarquons que AE doit être remplacé par AP, nous aurons

$$(5) \qquad\qquad \text{vol. } ABC = \tfrac{2}{3}\pi.\overline{AP}^{2} \times DF.$$

En rapprochant d'une part les formules (2), (3) et (4), et d'autre part les formules (1) et (5), nous déduirons les énoncés suivants :

Théorème XXV.

1° *Le volume engendré par un triangle quelconque tournant autour d'une droite extérieure menée par un sommet est égal au tiers du produit de la surface engendrée par le côté opposé, multipliée par la hauteur correspondante.*

2° Si le triangle est isocèle, ou si l'axe de rotation est parallèle au côté opposé, *le volume engendré est aussi égal aux $\frac{2}{3}$ du produit de la surface d'un cercle ayant pour rayon la hauteur du triangle multipliée par la projection de la base sur l'axe.*

579. On donne le nom de *secteur polygonal régulier* à la surface OABCD (*fig.* 251) comprise entre une portion régulière de contour polygonal (n° 560) et les deux rayons menés aux extrémités de ce contour, lequel est dit la *base du secteur.*

Si nous unissons le centre O à tous les sommets du contour polygonal, nous décomposons le secteur en triangles isocèles, tels que COD ; or le volume engendré par chaque triangle est donné par l'une des formules

$$\text{vol. COD} = \frac{1}{3}\,\text{surf. CD} \times \text{OL}, \quad \text{vol. COD} = \frac{2}{3}\pi.\overline{\text{OL}}^{2} \times \text{C}'\text{D}';$$

les perpendiculaires abaissées du centre sur tous les côtés sont égales ; donc $\frac{1}{3}$ OL dans la première formule et $\frac{2}{3}\pi.\overline{\text{OL}}^{2}$ dans la seconde sont des facteurs communs pour tous les triangles ; donc, en ajoutant membre à membre, le volume engendré par le secteur polygonal sera donné par l'une ou l'autre des formules suivantes :

$$\text{vol. OABCD} = \frac{1}{3}\,\text{surf. ABCD} \times \text{OL}, \quad \text{vol. OABCD} = \frac{2}{3}\pi.\overline{\text{OL}}^{2} \times \text{A}'\text{D}';$$

d'où l'on conclut les deux énoncés distincts, mais équivalents :

THÉORÈME XXVI.

Le volume engendré par un secteur polygonal régulier tournant autour d'un diamètre extérieur est égal : 1° au tiers du produit de la surface qu'engendre la base du secteur multipliée par le rayon du cercle inscrit ; 2° aux deux tiers du produit de la surface du cercle inscrit multipliée par la projection du contour polygonal sur l'axe.

580. Ayant circonscrit un cercle à la base du secteur polygonal, si nous partageons l'arc en un nombre de plus en plus grand de

parties égales, et si nous unissons les points de division par des droites, nous formerons une série de secteurs polygonaux qui approcheront de plus en plus du secteur circulaire OABD avec lequel ils se confondront à la limite. Le volume engendré alors par ce secteur circulaire prend le nom de *secteur sphérique*. Les formules qui mesurent le volume engendré par un secteur polygonal donneront à la limite le volume du secteur sphérique. Or à cet instant la surface engendrée par le secteur polygonal deviendra la zone engendrée par l'arc AD, à laquelle on donne le nom de *base du secteur*, le rayon OL devient le rayon R de la sphère ; nous aurons donc les deux formules

$$\text{vol. sect. OABD} = \frac{1}{3}\,\text{zone AD} \times \text{R}, \quad \text{vol. sect. OABD} = \frac{2}{3}\pi\text{R}^2 h,$$

d'où l'on conclut :

Théorème XXVII.

Le volume d'un secteur sphérique est égal : ou 1° au tiers du produit de la zone qui lui sert de base, multipliée par le rayon de la sphère ; ou 2° aux $\frac{2}{3}$ du produit de la surface d'un grand cercle multipliée par la hauteur de la zone, base du secteur.

581. Si le secteur circulaire est un quart de cercle tournant autour de l'un des rayons qui le terminent, le volume engendré est la demi-sphère qui se trouve exprimée par le tiers du produit de sa surface multipliée par le rayon. D'où, en doublant, on conclut :

Théorème XXVIII.

Le volume de la sphère est égal au tiers du produit de sa surface multipliée par le rayon.

582. Nous avons trouvé (n° 563) surf. sphér. R $= 4\pi\text{R}^2$; nous en déduirons

$$\text{vol. sphér. R} = \frac{4}{3}\pi\text{R}^3.$$

En appelant D le diamètre,

$$\text{R} = \frac{1}{2}\text{D},$$

d'où

$$R^3 = \frac{1}{8} D^3,$$

donc

$$\text{vol. sphér. } D = \frac{1}{6} \pi D^3.$$

THÉORÈME XXIX.

583. *Le volume engendré par un segment circulaire tournant autour d'un diamètre extérieur est égal à la moitié de celui d'un cône qui aurait la corde du segment pour rayon de la base, et la projection de cette corde sur l'axe pour hauteur.*

Soit le segment ABm (*fig.* 261) tournant autour de xy; le volume qu'il engendre est évidemment égal à celui engendré par le

Fig. 261.

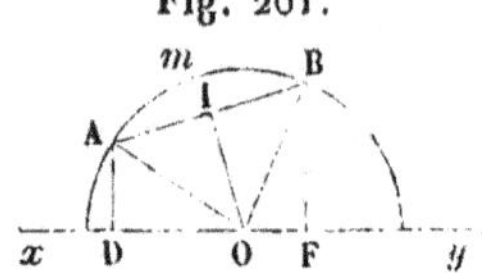

secteur OAmB, moins celui engendré par le triangle isocèle OAB. Mais (n°s 580 et 578),

$$\text{vol. sect. } OAmB = \frac{2}{3} \pi R^2 h, \quad \text{vol. } OAB = \frac{2}{3} \pi . \overline{OI}^2 . h;$$

donc

$$\text{vol. } ABm = \frac{2}{3} \pi \left(R^2 - \overline{OI}^2 \right) h;$$

mais

$$R^2 - \overline{OI}^2 = \overline{AI}^2 = \frac{1}{4} \overline{AB}^2;$$

donc enfin

$$\text{vol. } ABm = \frac{1}{6} \pi . \overline{AB}^2 \times DF;$$

le volume du cône serait

$$\frac{1}{3} \pi . \overline{AB}^2 \times DF.$$

584. En comparant cette expression à celle $\frac{1}{6} \pi . \overline{AB}^3$ de la sphère dont AB est le diamètre, on voit que *le volume engendré par le*

segment est à celui de la sphère ayant pour diamètre la corde du segment, comme la projection de la corde sur l'axe est à la corde elle-même.

Si la corde du segment était parallèle à l'axe xy, la projection DF serait égale à la corde AB, et le volume engendré par le segment deviendrait $\frac{1}{6}\,\pi\overline{\text{AB}}^3$.

Théorème XXX.

585. *Le volume d'un segment sphérique est égal à la demi-somme des bases multipliée par la hauteur, plus le volume de la sphère dont cette hauteur serait le diamètre.*

Un segment sphérique est la portion du volume de la sphère comprise entre deux plans parallèles; la distance des deux plans est la *hauteur* du segment, les sections faites par les deux plans en sont les *bases*. Si les deux plans sont sécants, le segment est à deux bases; si l'un des plans est sécant et l'autre tangent, le segment est à une base. Ce dernier serait engendré par un demi-segment circulaire DBF (*fig.* 263) tournant autour du diamètre perpendiculaire à sa corde; le premier est engendré par la figure trapézoïdale DAmBF (*fig.* 262) tournant autour du diamètre per-

Fig. 262
Fig. 263.

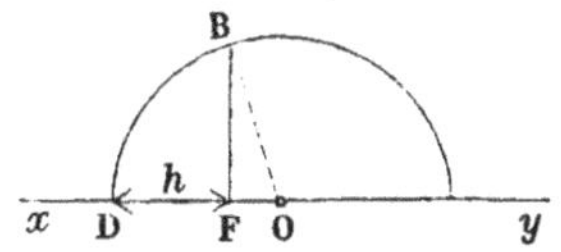

pendiculaire aux deux côtés parallèles; il serait par conséquent la différence de deux segments à une base.

1° *Segment à deux bases* (*fig.* 262). — Le volume engendré par la figure DAmBF est la somme des volumes engendrés par le segment ABm et par le trapèze DABF; ce dernier est un tronc de cône dont AD et BF sont les rayons des bases; on a donc

$$\text{vol. AB}m = \frac{1}{6}\pi.\overline{\text{AB}}^2.\text{DF},$$

$$\text{vol. DABF} = \frac{1}{3}\,\pi\left(\overline{\text{AD}}^2 + \overline{\text{BF}}^2 + \text{AD.BF}\right)\text{DF}.$$

Ayant mené AE parallèle à DF, nous aurons

$$AE = DF, \quad BE = BF - AD,$$

$$\overline{AB}^2 = \overline{AE}^2 + \overline{BE}^2 = \overline{DF}^2 + \overline{BF}^2 + \overline{AD}^2 - 2\,AD.BF \quad (\text{n}^\circ\ 177).$$

La première formule pourra donc s'écrire

$$\text{vol. AB}m = \frac{1}{6}\,\pi\,\overline{DF}^3 + \frac{1}{6}\,\pi\left(\overline{AD}^2 + \overline{BF}^2 - 2.AD.BF\right)DF.$$

En multipliant et divisant la seconde par 2, on peut l'écrire

$$\text{vol. DABF} = \frac{1}{6}\,\pi\left(2.\overline{AD}^2 + 2.\overline{BF}^2 + 2.AD.BF\right)DF\,;$$

et si nous ajoutons membre à membre, nous trouvons

$$\text{vol. DA}m\text{BF} = \frac{1}{6}\,\pi.\overline{DF}^3 + \frac{1}{6}\,\pi\left(3.\overline{AD}^2 + 3.\overline{BF}^2\right)DF.$$

En remplaçant DF par h, simplifiant et intervertissant l'ordre des termes, on a, conformément à l'énoncé,

$$\text{vol. segm. à 2 bases} = \frac{1}{2}\,\pi\left(\overline{AD}^2 + \overline{BF}^2\right)h + \frac{1}{6}\,\pi h^3.$$

2° *Segment à une base* (*fig.* 263). — Pour avoir le volume du segment à une base, il suffit de faire AD = o dans la formule précédente, qui devient alors

$$\frac{1}{2}\,\pi.\overline{BF}^2.h + \frac{1}{6}\,\pi h^3.$$

En remarquant que $\overline{BF}^2 = h\,(2R - h)$ (n° 228), et remplaçant, on trouve

$$\frac{1}{2}\,\pi h^2\,(2R - h) + \frac{1}{6}\,\pi h^3$$

$$= \pi h^2 R - \frac{1}{2}\,\pi h^3 + \frac{1}{6}\,\pi h^3$$

$$= \pi h^2 R - \frac{1}{3}\,\pi h^3,$$

d'où l'on déduit définitivement, en mettant $\frac{1}{3}$ en facteur commun :

$$\text{vol. segm. à 1 base} = \frac{1}{3}\,\pi\,h^2\,(\,3\,R - h\,).$$

On aurait pu obtenir directement ce résultat en remarquant que le volume du segment à une base est la somme ou la différence des volumes engendrés par le secteur ODB et par le triangle OBF, selon que la hauteur h est plus grande ou plus petite que le rayon.

Si $h = R$, le segment devient une demi-sphère, et la formule donne la valeur connue $\frac{2}{3}\,\pi\,R^3$.

586. La portion de volume d'une sphère comprise entre deux demi-grands cercles et le fuseau qu'ils déterminent a reçu le nom d'*onglet*. Il est évident que le volume de l'onglet est proportionnel à l'aire du fuseau qui lui sert de base. Or l'onglet répondant au fuseau rectangulaire est égal au quart de la sphère entière, ou à $\frac{1}{3}\,\pi\,R^3$, et pour un onglet quelconque Ω répondant au fuseau F, on aura

$$\frac{\Omega}{F} = \frac{\frac{1}{3}\,\pi\,R^3}{\pi\,R^2} = \frac{1}{3}\,R\,;$$

donc (n° 567),

$$\Omega = \frac{1}{3}\,F.R = \frac{1}{3}\,\pi\,A.R^3,$$

c'est-à-dire que :

Théorème XXXI.

Le volume d'un onglet est égal au tiers du produit de l'aire du fuseau correspondant multipliée par le rayon de la sphère.

Problème VIII.

587. *Déterminer la quantité de jus que l'on pourra faire cuire dans une chaudière demi-sphérique remplie aux $\frac{2}{3}$ de la hauteur, le rayon de la chaudière étant $0^m,48$ et le poids spécifique du jus $1,248$.*

L'espace occupé par le jus est le segment à une base, dont la capacité sera donnée par la formule précédente, dans laquelle $h = \frac{2}{3} R$, ce qui la réduit à

$$V = \frac{4}{27} \pi R^2 \left(3R - \frac{2}{3} R \right) = \frac{4}{27} \pi R^2 . \frac{7}{3} R = \frac{28}{81} \pi R^3.$$

Pour exprimer ce volume en litres, il faut faire $R = 4^{dm},8$, puis le poids d'un litre étant $1^{kg},248$, le poids cherché P sera

$$P = 1^{kg},248\,V = \frac{1^{kg},248 \times 28\,\pi R^3}{81}.$$

Comme il faudra employer les logarithmes pour calculer ce résultat, on ne doit faire que les réductions qui feraient disparaître entièrement le dénominateur 81.

log 1,248................	0,0962146
log 28................	1,4471580
log π................	0,4971499
3 log 4,8................	2,0437236
	4,0842461
— log 81................	— 1,9084850
	2,1757611
149,88................	437 | 290
	174 | —
	177,5 | 0,6
	3,5 |

Ayant employé sept logarithmes, il faut ajouter 3,5 et diviser 177,5 par 290, le premier reste 3,5 étant plus petit que 7, le premier chiffre du quotient est incertain, mais on peut le conserver, parce que $3,5 + 29 = 32,5$ résultat plus grand que 7. Le poids demandé de la quantité de jus sera donc

$$P = 149^{kg},886.$$

Problème IX.

588. *Le poids spécifique du platine à 0 degré est* **21,53**, *sa dilatation linéaire est de* 0,000009183 *de la longueur à zéro pour*

chaque degré du thermomètre dans l'intervalle de zéro à 100°; *quel est, d'après cela, le poids d'une sphère de platine dont le rayon à* 38° *est de* $0^m,1267$?

En désignant par P le poids cherché, par p le poids spécifique ou le poids en kilogrammes d'un décimètre cube, le poids total

$$P = p \times \frac{4}{3}\pi R^3,$$

le rayon R étant exprimé en décimètres. Cela posé, on peut résoudre le problème de deux manières, soit en cherchant ce que devient le poids spécifique p à 38°, soit en cherchant ce que deviendrait R à o degré.

1° En désignant par d la dilatation linéaire, la dilatation cubique sera $3d$, donc 1^{dmc} à o degré augmente de $3d$ par degré, et par suite de $3d.38 = 114d$ en 38°, et devient $1 + 114d$. Si donc $(1 + 114d)^{dmc}$ pèsent p^{kg}, le poids de 1^{kg} ou le poids spécifique à 38° sera $p' = \dfrac{p}{1 + 114d}$. Le poids cherché deviendra donc

$$P = \frac{p}{1 + 114d} \times \frac{4}{3}\pi R^3 = \frac{4\pi p R^3}{3(1 + 114d)}.$$

2° En désignant par R' la longueur du rayon à o degré, à 38° il devient

$$R = R'(1 + 38d),$$

d'où

$$R' = \frac{R}{1 + 38d}.$$

Le volume de la sphère à o degré sera

$$\frac{4}{3}\pi R'^3 = \frac{4\pi R^3}{3(1 + 38d)^3},$$

et par suite, le poids, qui reste le même à tous les degrés, sera

$$P = p \times \frac{4\pi R^3}{3(1 + 38d)^3} = \frac{4\pi p R^3}{3(1 + 38d)^3}.$$

Cette dernière formule coïncide avec la précédente, lorsque, à cause de la petite valeur de d, on néglige son carré et son cube, car $(1 + 38d)^3 = 1 + 114d + 3.38^2 d^2 + 38^3 d^3$, qui se réduit à $1 + 114d$. Pour les calculs, rappelons-nous que, d'après l'énoncé,

$$p = 21,53, \quad R = 1^{dm},267; \quad d = 0,000009183.$$

d'où

$$38d = 0,000348954, \quad 114d = 0,001046862.$$

Dans l'emploi des logarithmes, nous pouvons négliger d'abord le facteur 3 du dénominateur, calculer 3 P et diviser ensuite par 3, ce qui diminuera l'erreur.

Calcul de la première formule.

1,267..	0,1027766	log 4............	0,6020600
		π............	0,4971499
1,00104	0,0004514,3 (434)	21,53........	1,3330440
6	26,0	3 log 1,267.....	0,3083298
8	3,5		2,7405837
6	0,3	1,0010468²....	— 0,0004544
			2,7401293

54970......   57 | 79

36 | —

39,5 | 0,5

0 |

$$3 P = 549^{kg},705, \quad P = 183^{kg},235.$$

Calcul de la seconde formule.

1,00034	0,0001476,4 (434)	log N............	2,7405837
8	34,7	3 log (1,00034895) — 0,0004546	
9	3,9		2,7401291
5	0,2		
	0,0001515,2		

Ce résultat sensiblement égal au précédent donnerait

$$3 P = 549^{kg},704, \quad \text{d'où} \quad P = 183^{kg},2346,$$

ou, comme par la première formule,

$$P = 183^{kg},235.$$

THÉORÈME XXXII.

589. *Si un polyèdre est circonscrit à une sphère, le rapport des surfaces de ces deux corps est égal au rapport de leurs volumes.*

En effet, soient V, S et R le volume, la surface et le rayon de la sphère ; soient V′ et S′ le volume et la surface du polyèdre circonscrit. Nous avons vu (n° 577) que

$$V' = \frac{1}{3} . S'R, \quad V = \frac{1}{3} . SR,$$

d'où, en divisant membre à membre.

$$\frac{V'}{V} = \frac{S'}{S}.$$

La valeur de ce rapport varie avec le corps ou polyèdre circonscrit. Nous ne considérerons ici que quelques corps engendrés par les polygones réguliers circonscrits au cercle, auquel cas la perpendiculaire élevée sur le milieu du côté est toujours égale au rayon du cercle.

PROBLÈME X.

590. *Trouver la surface et le volume d'un cône engendré par le triangle équilatéral tournant autour de l'une de ses hauteurs, et ensuite son rapport à la sphère inscrite.*

Fig. 264.

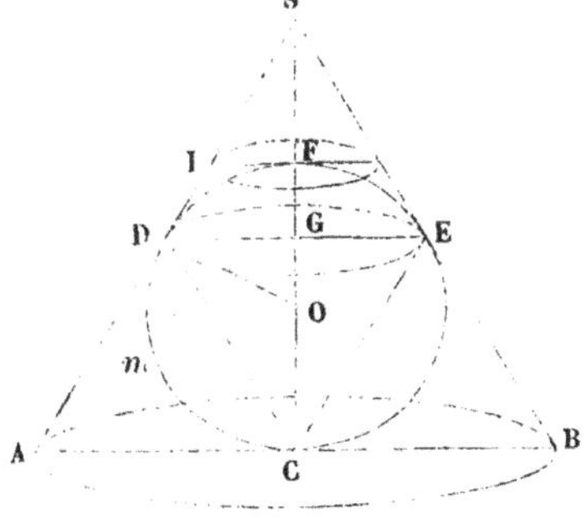

Soit le triangle SAB (*fig.* 264) circonscrit au cercle O et tournant autour de SC, il engendrera le cône circonscrit à la sphère engendrée par le cercle. Les points de contact C, D, E partagent la circonférence en trois parties égales, de sorte que DE est le côté du triangle équilatéral inscrit ; il est donc perpendiculaire sur le milieu du rayon OF (n° 281) ; de plus DE, parallèle à AB, partage SA, SB et SC en deux parties égales ; donc SG = GC, et par suite SC $= h = 3$R ; en outre CA $=$ DE $=$ R$\sqrt{3}$ (n° 282). Enfin, la perpendiculaire sur le milieu du côté DO $=$ R.

Cela posé, en désignant par S et V la surface et le volume de la sphère, par s', S' et V' la surface latérale, la surface totale et le volume du cône, nous trouverons

$$s' = 2\pi R . 3R = 6\pi R^2,$$
$$S' = 6\pi R^2 + 3\pi R^2 = 9\pi R^2,$$
$$V' = \pi R^2 . 3R = 3\pi R^3.$$

En comparant ces résultats à S et V (n°^{s} 563 et 582), nous trouvons

$$\frac{S'}{S} = \frac{V'}{V} = \frac{9}{4}.$$

591. Le triangle équilatéral inscrit CDE engendrera en même temps un cône inscrit à la sphère, dont le rayon de la base, la hauteur et le rayon OG sont moitiés des éléments correspondants du cône circonscrit. En appelant s_1, S_1, V_1 la surface latérale, la surface totale et le volume de ce nouveau cône, on aura donc

$$s_1 = \pi R . \frac{3}{2}R = \frac{3}{2}\pi R^2,$$

$$S_1 = \frac{6}{4}\pi R^2 + \frac{3}{4}\pi R^2 = \frac{9}{4}\pi R^2,$$

$$V_1 = \frac{1}{4}\pi R^2 . \frac{3}{2}R = \frac{3}{8}\pi R^3 ;$$

d'où l'on déduit

$$\frac{s_1}{s'} = \frac{S_1}{S'} = \frac{1}{4}, \quad \frac{V_1}{V'} = \frac{1}{8} \quad \text{et} \quad \frac{S_1}{S} = \frac{9}{16}, \quad \frac{V_1}{V} = \frac{9}{32}.$$

Donc, pour le cône inscrit comparé à la sphère, le rapport des volumes n'est pas égal à celui des surfaces, il n'en est que la moitié.

Le volume de la sphère est partagé par le cône inscrit en trois parties : 1° celle occupée par le cône; 2° celle engendrée par le segment CDm qui entoure la surface latérale, et 3° celle du segment déterminé par la base du cône. Ces trois volumes sont respectivement égaux à (n°[s] 590, 583, 585)

$$V_{1} = \frac{3}{8}\,\pi\,R^{3},$$

$$\text{vol. CD}m = \frac{1}{6}\,\pi\,.\,3\,R^{2}\,.\,\frac{3}{2}\,R = \frac{3}{4}\,\pi\,R^{3},$$

$$\text{vol. DEF} = \frac{1}{3}\pi\,.\,\frac{1}{4}\,R^{2}\left(3\,R - \frac{1}{2}\,R\right) = \frac{5}{24}\,\pi\,R^{3}.$$

La somme de ces trois volumes donne bien celui de la sphère $\frac{4}{3}\,\pi\,R^{3}$. Enfin, le volume du cône est la moitié de la partie qui l'enveloppe, et par conséquent le tiers du segment sphérique dans lequel il est inscrit.

Problème XI.

592. *Trouver la surface et le volume du corps engendré par la rotation du carré circonscrit.*

Le carré ABCD (*fig.* 265) peut tourner autour d'un diamètre EF perpendiculaire à deux côtés opposés, ou autour d'une diagonale AC. Le côté du carré AB $= 2\,$R et sa demi-diagonale OA $= R\sqrt{2}$,

Fig. 265.

à cause du triangle rectangle isocèle OAE. Cela posé, supposons d'abord que le carré tourne autour de EF, il engendrera un cylindre circonscrit à la sphère dont la surface latérale, la surface totale et le volume seront donnés par les formules

$$s' = 2\pi R \cdot 2R = 4\pi R^2,$$
$$S' = 4\pi R^2 + 2\pi R^2 = 6\pi R^2,$$
$$V' = \pi R^2 \cdot 2R = 2\pi R^3.$$

En comparant ces résultats avec la surface et le volume de la sphère, on trouve

$$\frac{S'}{S} = \frac{V'}{V} = \frac{3}{2}.$$

Si nous rapprochons les formules, qui donnent les surfaces et les volumes de la sphère, du cylindre et du cône équilatéral circonscrits à cette sphère, nous pourrons en tirer les conclusions suivantes :

1° *La surface latérale du cylindre est égale à la surface totale de la sphère ;*

2° *La surface latérale du cône est égale à la surface totale du cylindre ;*

3° *La surface totale du cylindre est moyenne proportionnelle entre la surface de la sphère et la surface totale du cône* (*Algèbre*, n° 150) ;

4° *Le volume du cylindre est aussi moyen proportionnel entre les volumes de la sphère et du cône.*

593. Si le carré tournait autour d'une diagonale AC, il engendrerait un corps circonscrit à la sphère et formé de deux cônes égaux ayant pour hauteur et pour rayon de la base la demi-diagonale. La perpendiculaire OE élevée sur le milieu du côté est encore égale à R, on aurait donc

$$S' = 4\pi R \cdot R\sqrt{2} = 4\pi R^2\sqrt{2}. \qquad V' = \frac{4}{3}\pi R^2 \cdot R\sqrt{2} = \frac{4}{3}\pi R^3\sqrt{2} ;$$

par conséquent

$$\frac{S'}{S} = \frac{V'}{V} = \frac{\sqrt{2}}{1}.$$

La sphère étant 1, le cylindre engendré par le carré circonscrit est $\frac{3}{2}$; mais le double cône engendré par ce même carré n'est que $\sqrt{2} = 1,414$ à peu près.

594. Le carré inscrit GHIK peut aussi tourner autour de EF ou de GI; dans le premier cas, il engendre un cylindre inscrit; dans le second cas, il engendre un double cône.

1° Le rayon de la base du cylindre est $\frac{1}{2} R \sqrt{2}$ et sa hauteur $R \sqrt{2}$, on aura donc

$$s'' = \pi R \sqrt{2} . R \sqrt{2} = 2 \pi R^2,$$
$$S'' = 2 \pi R^2 + \pi R^2 = 3 \pi R^2,$$
$$V'' = \frac{1}{2} \pi R^2 . R \sqrt{2} = \frac{1}{2} \pi R^3 \sqrt{2}.$$

La surface latérale est la moitié de celle de la sphère, et l'on a

$$\frac{S''}{S} = \frac{3}{4}, \qquad \frac{V''}{V} = \frac{\frac{1}{2} \sqrt{2}}{\frac{4}{3}} = \frac{3 \sqrt{2}}{8}.$$

2° Dans le cône $OL = \frac{1}{2} R \sqrt{2}$, par conséquent

$$S'' = 2 \pi R \sqrt{2} . R = 2 \pi R^2 \sqrt{2},$$
$$V'' = \frac{2}{3} \pi R^2 . R = \frac{2}{3} \pi R^3,$$
$$\frac{S''}{S} = \frac{\sqrt{2}}{2}, \qquad \frac{V''}{V} = \frac{1}{2}.$$

Le volume du double cône étant la moitié de la sphère, chaque segment GHE engendre le quart de la sphère; en effet (n° 583)

$$\text{vol. GHE} = \frac{1}{6} \pi . 2 R^2 . R = \frac{1}{3} \pi R^3.$$

On voit encore que le rapport des surfaces n'est pas égal au rapport des volumes.

Problème XII.

595. *Trouver la surface et le volume du corps engendré par un hexagone régulier tournant autour d'un diamètre.*

L'hexagone, comme tous les polygones d'un nombre pair de

côtés, peut tourner autour d'un diamètre formant diagonale, ou autour d'un diamètre perpendiculaire à deux côtés opposés.

1° Soit l'hexagone ABCDEF (*fig.* 266) tournant autour de AD;

Fig. 266.

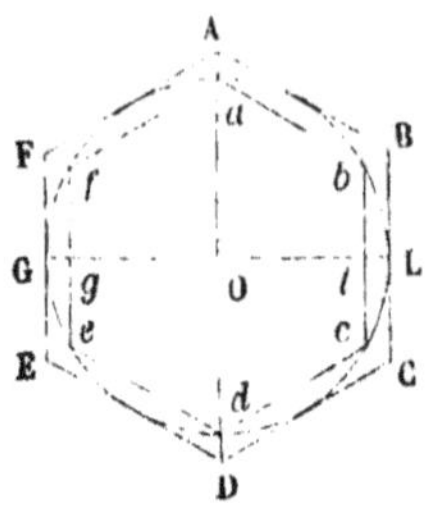

le corps engendré se compose de deux cônes et d'un cylindre. Les rayons des bases sont égaux à R. Pour avoir les hauteurs, remarquons que le côté AB est égal au rayon R_i du cercle circonscrit; l'apothème est égal à R, alors la formule (n° 287)

$$R^2 = r^2 + \frac{1}{4} a^2$$

devient

$$R_i^2 = R^2 + \frac{1}{4} R_i^2,$$

d'où

$$3R_i^2 = 4R^2 \quad \text{et} \quad R_i = \frac{2R}{\sqrt{3}};$$

telle est aussi la hauteur du cylindre; celle des cônes est moitié moindre; mais les deux ensemble équivaudront à un cône de cette même hauteur, et la somme de leurs volumes sera le tiers de celui du cylindre; nous aurons donc

$$S' = 2\pi R \frac{4R}{\sqrt{3}} = \frac{8\pi R^2}{\sqrt{3}}; \quad V' = \frac{4}{3}\pi R^2 \frac{2R}{\sqrt{3}} = \frac{8\pi R^3}{3\sqrt{3}};$$

d'où l'on conclut

$$\frac{S'}{S} = \frac{V'}{V} = \frac{2}{\sqrt{3}}.$$

2° Si l'hexagone tourne autour du diamètre GL. le corps qu'il engendre est formé de deux troncs de cônes égaux, dont les rayons des bases sont $OA = \dfrac{2R}{\sqrt{3}}$ et $GF = \dfrac{R}{\sqrt{3}}$, la hauteur et l'apothème sont égaux à R. La surface se compose des surfaces latérales et des surfaces des petites bases des deux troncs ; par conséquent

$$S' = 4\pi R . R + \frac{2}{3}\pi R^2 = \frac{14}{3}\pi R^2,$$

$$V' = \frac{2}{3}\pi R \left(\frac{4}{3}R^2 + \frac{1}{3}R^2 + \frac{2}{3}R^2 \right) = \frac{14}{9}\pi R^3 ;$$

d'où résulte

$$\frac{S'}{S} = \frac{V'}{V} = \frac{7}{6}.$$

596. L'hexagone inscrit peut également tourner autour de *ad* ou de *gl*, et les corps engendrés sont aussi formés de deux cônes égaux et d'un cylindre, ou de deux troncs de cône égaux.

1° La hauteur du cylindre est R, celle des cônes $\frac{1}{2}R$, les rayons des bases et les apothèmes sont $Ol = \frac{1}{2}R\sqrt{3}$, par conséquent

$$S' = \pi R\sqrt{3} . 2R = 2\pi R^2\sqrt{3}, \qquad V' = \frac{4}{3} \times \frac{3}{4}\pi R^2 . R = \pi R^3 ;$$

d'où l'on tire

$$\frac{S'}{S} = \frac{\sqrt{3}}{2}, \qquad \frac{V'}{V} = \frac{3}{4}.$$

Le volume du corps engendré par cet hexagone est donc les $\dfrac{3}{4}$ de celui de la sphère, par conséquent les trois segments formés par les côtés engendrent ensemble le $\dfrac{1}{4}$ du volume de la sphère. Celui du milieu bcL engendre un volume égal à $\dfrac{1}{6}\pi R^3$ (n° 584), ou au $\dfrac{1}{8}$ du volume entier de la sphère, ou enfin un volume égal à celui engendré par les deux autres.

2° Si l'hexagone tourne autour de *gl*, il engendre un corps composé de deux troncs de cônes égaux, dont la surface est formée des deux surfaces latérales et des deux petites bases. On aura donc

$$S' = \pi R \sqrt{3}.R\sqrt{3} + 2\pi \frac{R^2}{4} = \frac{7}{2}\pi R^2,$$

$$V' = \frac{1}{3}R\sqrt{3}.\pi\left(R^2 + \frac{1}{4}R^2 + \frac{1}{2}R^2\right) = \frac{7}{12}\pi R^3\sqrt{3};$$

d'où l'on déduit

$$\frac{S'}{S} = \frac{7}{8}, \qquad \frac{V'}{V} = \frac{7\sqrt{3}}{16}.$$

Nous voyons donc encore que pour ces polyèdres inscrits à la sphère le rapport des surfaces n'est pas égal au rapport des volumes.

En considérant d'autres polygones réguliers, les figures engendrées se composeront toujours de cônes, de troncs de cônes et de cylindres. Les rotations pourront toujours avoir lieu autour de deux diamètres distincts si le nombre des côtés est pair, et autour d'un seul si ce nombre est impair.

597. Menons la tangente FI (*fig.* 264) au cercle O, le trapèze ACFI engendrera un tronc de cône, dans lequel la hauteur $h = 2R$ et les rayons des bases sont respectivement $R\sqrt{3}$ et $\frac{1}{3}R\sqrt{3}$, l'arête AI est les $\frac{2}{3}$ de AS, et, par conséquent, $\frac{4}{3}R\sqrt{3}$. Nous aurons donc

$$s' = \frac{4}{3}\pi R\sqrt{3} \cdot \frac{4}{3}R\sqrt{3} = \frac{16}{3}\pi R^2,$$

$$S' = \frac{16}{3}\pi R^2 + 3\pi R^2 + \frac{1}{3}\pi R^2 = \frac{26}{3}\pi R^2,$$

$$V' = \frac{2}{3}R.\pi\left(3R^2 + \frac{1}{3}R^2 + R^2\right) = \frac{26}{9}\pi R^3;$$

d'où l'on conclut

$$\frac{S'}{S} = \frac{V'}{V} = \frac{13}{6}.$$

PROBLÈME XIII.

598. *Trouver la surface et le volume du corps engendré par la rotation d'un polygone régulier autour d'un axe extérieur parallèle à un axe de symétrie du polygone.*

Soit, par exemple, l'hexagone régulier ABCDEF (*fig.* 267) tournant autour de *ad* parallèle au diamètre AD. Nommons r le côté de

Fig. 267.

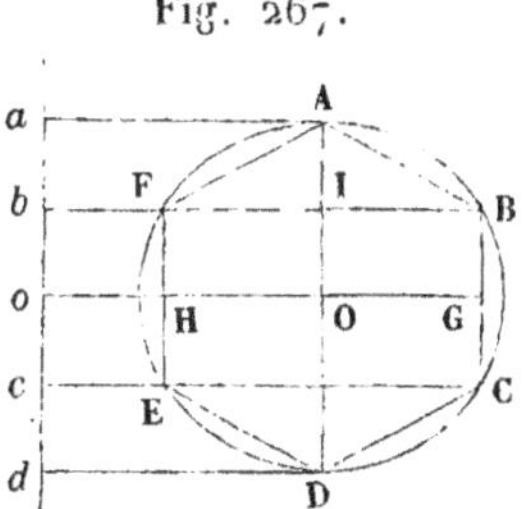

l'hexagone et, par conséquent aussi, le rayon du cercle circonscrit. R la distance Oo du centre du polygone à l'axe de rotation. Enfin, remarquons que les deux moitiés HFABG et HEDCG engendrent l'une et l'autre des surfaces et des volumes égaux à la moitié de la surface totale S et du volume V engendrés par le polygone.

1° *Surface.* — Les trapèzes aABb et aAFb engendrent des troncs de cônes; d'où l'on tire (n° 514)

$$\text{surf. AB} = \pi(\text{B}b + \text{A}a)\,\text{AB}, \qquad \text{surf. AF} = \pi(\text{F}b + \text{A}a)\,\text{AF}.$$

En ajoutant, et remarquant que AB = AF = r, Aa = R, Bb + Fb = 2R,

$$\text{surf. BAF} = 4\pi\text{R}r = 2\pi\text{R}.2r.$$

Deux autres côtés obliques sur *ad*, et symétriquement placés par rapport à AD, donneraient évidemment le même résultat.

Les parallélogrammes bBGo et bFHo engendrent des cylindres; d'où l'on tire

$$\text{surf. BG} = 2\pi\text{B}b.bo, \qquad \text{surf. FH} = 2\pi\text{F}b.bo,$$

d'où, en ajoutant et remplaçant bo par $\frac{1}{2}r$,

$$\text{surf. BG} + \text{surf. FH} = 2\pi\text{R}.r.$$

La somme des résultats précédents étant doublée, on trouve

$$\text{S} = 2\pi\text{R}.6r.$$

2° *Volume.* — Les troncs de cônes et cylindres indiqués ci-dessus donneront

$$\text{vol. } a\mathrm{AB}b = \frac{1}{3}\pi\left(\overline{\mathrm{A}a}^2 + \overline{\mathrm{B}b}^2 + \mathrm{A}a.\mathrm{B}b\right)ab,$$

$$\text{vol. } a\mathrm{AF}b = \frac{1}{3}\pi\left(\overline{\mathrm{A}a}^2 + \overline{\mathrm{F}b}^2 + \mathrm{A}a.\mathrm{F}b\right)ab,$$

$$\text{vol. } b\mathrm{BG}o = \pi.\overline{\mathrm{B}b}^2.bo,$$

$$\text{vol. } b\mathrm{FH}o = \pi.\overline{\mathrm{F}b}^2.bo.$$

En retranchant d'une part les deux troncs du cône et d'autre part les deux cylindres, il vient

$$\text{vol. ABF} = \frac{1}{3}\pi.ab\left[\overline{\mathrm{B}b}^2 - \overline{\mathrm{F}b}^2 + \mathrm{A}a(\mathrm{B}b - \mathrm{F}b)\right]$$

$$= \frac{1}{3}\pi.ab(\mathrm{B}b - \mathrm{F}b)(\mathrm{B}b + \mathrm{F}b + \mathrm{A}a),$$

$$\text{vol. BGHF} = \pi.bo(\mathrm{B}b - \mathrm{F}b)(\mathrm{B}b + \mathrm{F}b);$$

mais

$$ab(\mathrm{B}b - \mathrm{F}b) = \mathrm{AI}.\mathrm{BF} = 2.\mathrm{ABF},$$
$$bo(\mathrm{B}b - \mathrm{F}b) = \mathrm{IO}.\mathrm{BF} = \mathrm{BGHF};$$

de plus

$$\mathrm{B}b + \mathrm{F}b + \mathrm{A}a = 3\mathrm{R}, \qquad \mathrm{B}b + \mathrm{F}b = 2\mathrm{R};$$

donc

$$\text{vol. ABGHF} = 2\pi\mathrm{R}.\text{surf. ABGHF}.$$

En doublant et désignant par A l'aire du polygone, il vient

$$\mathrm{V} = \mathrm{A}.2\pi\mathrm{R}.$$

599. Des raisonnements et des calculs analogues seraient faits pour des polygones de tout autre nombre de côtés, pourvu que l'axe soit parallèle à un diamètre coupant le polygone en deux parties symétriques. De sorte que l'on peut conclure, en général, que dans ces circonstances :

1° *La surface engendrée par la rotation d'un polygone régulier est égale à son périmètre multiplié par la circonférence décrite par le centre du polygone;*

2° *Le volume engendré est égal à l'aire du polygone multipliée par la même circonférence.*

600. En multipliant indéfiniment le nombre des côtés du polygone, il finira par se confondre avec le cercle circonscrit. Dans ce

cas, le corps engendré par la rotation d'un cercle tournant autour d'un axe extérieur a le nom de *tore*. La circonférence décrite par le centre du cercle porte le nom d'*axe*, et dès lors les conclusions précédentes, qui subsistent toujours, peuvent s'énoncer ainsi :

1° *La surface du tore est égale à son axe multiplié par la circonférence génératrice;*

2° *Le volume du tore est égal à son axe multiplié par l'aire du cercle générateur.*

CHAPITRE IV.
DES POLYÈDRES RÉGULIERS.

601. En général, une figure régulière est celle dont tous les éléments constitutifs de même nature sont égaux entre eux; c'est ce que nous pouvons constater dans les polygones réguliers (n° 129) et dans les angles polyèdres réguliers (n° 444). D'après cela, un polyèdre régulier est celui qui a toutes ses arêtes égales, les angles des faces tous égaux entre eux, les angles polyèdres égaux, ainsi que les angles dièdres, ou inclinaisons des faces, ce qui se résume dans la définition suivante :

Un polyèdre régulier est celui qui a pour faces des polygones réguliers égaux, et dont tous les angles polyèdres sont réguliers et égaux entre eux.

602. Il résulte de cette définition que, pour obtenir un polyèdre régulier, il faut réunir à un même sommet des polygones réguliers égaux, et l'on voit alors qu'il ne peut exister que cinq polyèdres réguliers résultant des combinaisons suivantes ·

Les triangles équilatéraux peuvent être réunis 3 par 3, ou 4 par 4, ou 5 par 5, car l'angle du triangle équilatéral étant $\frac{2}{3}$ d'angle droit, la somme des faces des angles polyèdres formés

sera $\frac{2}{3} \times 3 = 2$, $\frac{2}{3} \times 4 = 2 + \frac{2}{3}$, $\frac{2}{3} \times 5 = 3 + \frac{1}{3}$; mais 6 triangles donneraient $\frac{2}{3} \times 6 = 4$ angles droits, somme trop forte pour constituer un angle polyèdre (nº 427).

Les polyèdres ainsi obtenus sont respectivement :

1º Le tétraèdre, ou polyèdre renfermé sous 4 faces ;

2º L'octaèdre, » 8 »

3º L'icosaèdre, » 20 »

Les carrés ne peuvent être réunis que 3 par 3 et fournissent :

4º L'hexaèdre, ou cube, polyèdre renfermé sous 6 faces.

Enfin, les pentagones réguliers, dont l'angle vaut $\frac{6}{5} = 1 + \frac{1}{5}$, ne peuvent, à plus forte raison, être réunis que 3 par 3, et fournissent :

5º Le dodécaèdre, ou polyèdre renfermé sous 12 faces.

Quant aux polygones réguliers de 6 ou d'un plus grand nombre de côtés, la somme de 3 angles vaut 4 ou plus de 4 angles droits ; ils ne sont donc pas susceptibles de former des polyèdres réguliers.

La sphère formerait un sixième polyèdre régulier.

Du tétraèdre.

603. *Construction.* — Au centre E du triangle équilatéral ABC (*fig.* 268) j'élève une perpendiculaire sur laquelle je prends un

Fig. 268.

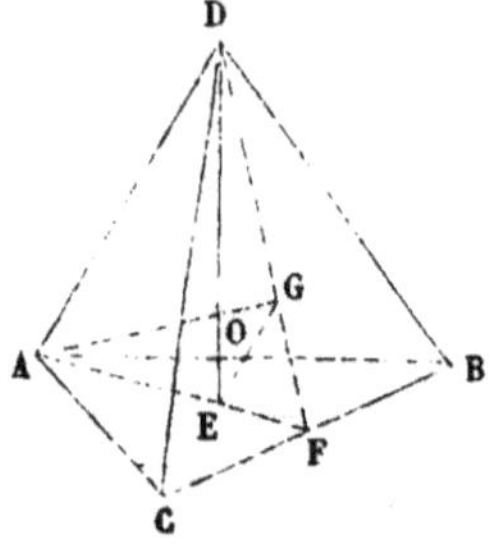

point D tel que AD = AB, la figure DABC est le tétraèdre régulier. En effet, le point E est à égale distance des trois sommets A, B, C ; donc DA = DB = DC. Les faces de ce tétraèdre sont des triangles équilatéraux ; par conséquent tous les angles trièdres sont égaux et réguliers (n° 443).

604. Nommons a l'arête du tétraèdre ou le côté du triangle équilatéral ABC, et ρ le rayon du cercle circonscrit ; nous savons que

$$a = \rho \sqrt{3} ;$$

dans le triangle ADE, nous avons

$$h^2 = a^2 - \rho^2 = 2\rho^2.$$

d'où

$$h = \rho \sqrt{2} = a \sqrt{\frac{2}{3}}.$$

En prenant DBC pour base, la hauteur sera encore $a\sqrt{\frac{2}{3}}$; mais les deux hauteurs DE et AG, étant dans le même plan ADF, se coupent en un point O. D'un autre côté, AE = 2 EF et DG = 2 FG. donc EG est parallèle à DA, et l'on a

$$DA = 3\,EG,$$

donc

$$DO = 3\,OE = \frac{3}{4}\,h \quad \text{et} \quad OE = \frac{1}{4}\,h ;$$

et comme le point O est placé de la même manière sur les quatre hauteurs, il est le centre d'une sphère circonscrite et d'une sphère inscrite au tétraèdre. En remplaçant h par sa valeur, les rayons des deux sphères sont

$$R = \frac{1}{4}\,a\sqrt{6}, \quad r = \frac{1}{12}\,a\sqrt{6}.$$

605. Les angles dièdres sont tous égaux entre eux et celui des deux faces ABC et DBC est mesuré par l'angle rectiligne AFD. Pour l'obtenir il suffira de construire un triangle isocèle ayant pour base le côté du triangle équilatéral et pour côtés égaux la hauteur de ce même triangle. Les hauteurs égales de ce triangle isocèle donneront en outre les rayons des deux sphères.

De l'hexaèdre.

606. *Construction.* — Aux quatre sommets d'un carré, il faut élever des perpendiculaires égales au côté du carré.

607. Les angles dièdres de l'hexaèdre, ou cube, sont droits; les quatre diagonales égales sont des diamètres de la sphère circonscrite; leur point de concours est également distant des six faces, et la distance est égale à la moitié de l'arête. On aura donc (n° 460)

$$R = \frac{1}{2}a\sqrt{3}, \qquad r = \frac{1}{2}a.$$

De l'octaèdre.

608. *Construction.* — Au centre O du carré ABCD (*fig.* 269), j'élève une perpendiculaire sur laquelle je porte les longueurs

Fig. 269.

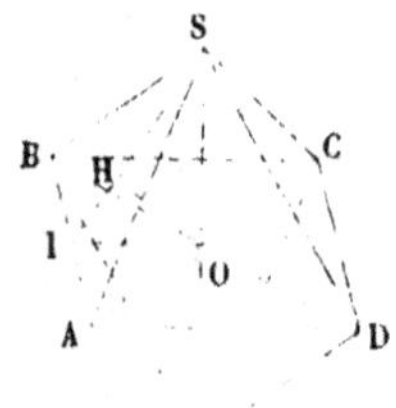

OS = OS′ = OA; j'unis les points S et S′ aux quatre sommets du carré, et la figure ainsi obtenue sera l'octaèdre régulier.

En effet, les triangles OAS et OAB sont rectangles, isocèles et ont les côtés égaux; donc les hypoténuses sont égales, SA = AB. Le polyèdre est donc renfermé sous huit triangles équilatéraux égaux. Les pyramides SABCD et S′ABCD sont égales, donc les angles polyèdres S et S′ sont égaux et réguliers. Les quatre angles en A, B, C, D sont évidemment égaux; je dis de plus qu'ils sont égaux aux deux précédents, car les diagonales BD et SS′ du quadrilatère BSDS′ sont égales, perpendiculaires entre elles et se coupent en leurs milieux; donc BSDS′ est un carré égal au carré ABCD; d'ailleurs AO = SO, donc les pyramides ABSDS′ et SABCD sont égales, et, par conséquent, l'angle polyèdre A est régulier et égal à S.

609. On verra de même que ASCS′ est un carré, les plans des trois carrés partagent chacun l'octaèdre en pyramides égales; on les nomme *plans diamétraux*; les trois droites SS′, AC et BD sont

dites les *axes* de l'octaèdre. Ces axes étant égaux, le point O est également distant des six sommets; il est donc le centre d'une sphère circonscrite au polyèdre. Les huit pyramides ayant leurs sommets en O sont égales, donc leurs hauteurs OH sont toutes égales entre elles; le point O est donc aussi le centre d'une sphère inscrite à l'octaèdre.

Pour avoir les rayons de ces deux sphères, remarquons que le point H est le centre du triangle équilatéral ASB; il est donc situé au tiers de la hauteur SI, à partir du côté AB; or, si l'on désigne l'arête par a, on a

$$a = SH \sqrt{3},$$

d'où

$$IH = \frac{a}{2\sqrt{3}};$$

donc

$$R = \frac{1}{2} a \sqrt{2}, \quad r = \frac{1}{2} a \sqrt{\frac{2}{3}},$$

610. L'angle dièdre de l'octaèdre régulier est double de OIS; il sera donc donné par l'angle au sommet d'un triangle isocèle, ayant pour base la diagonale SS′ d'un carré construit sur une arête, et pour côtés la hauteur d'une face triangulaire. La construction de ce triangle fournira aussi les rayons des deux sphères.

Du dodécaèdre.

611. *Construction.* — Je construis un premier pentagone régulier ABCDE (*fig.* 270), et sur chacun des côtés j'en construis aussi cinq autres égaux, mais dans des plans différents, de manière à former des angles trièdres à chacun des cinq sommets. L'arête partant du point A fait avec AB et AE des angles obtus égaux; donc sa projection sur le plan du premier pentagone fera aussi avec ces mêmes droites des angles obtus égaux (n° 359); elle se trouvera donc sur le prolongement de la bissectrice KA de l'angle du pentagone. Il en sera de même des autres arêtes issues des points B, C, D, E. Ces arêtes ont des longueurs égales et sont également inclinées sur le plan du premier pentagone; par conséquent leurs extrémités se projettent sur une même circonférence décrite du centre K et sont les sommets d'un pentagone régulier dont le côté est égal

à la diagonale AD, ce qui donne un moyen facile de le construire.

Fig. 270.

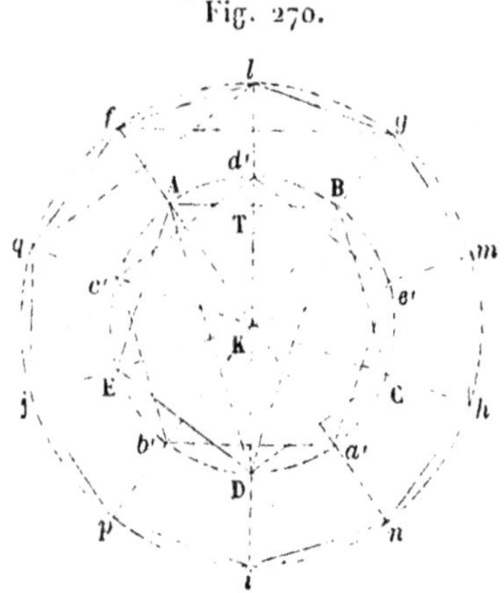

En effet, la droite FG, dans l'espace, est la diagonale du pentagone construit sur AB, et comme elle est parallèle au plan du dessin, elle est égale à sa projection fg. Les derniers sommets des pentagones se projettent évidemment à égale distance des sommets adjacents, et par conséquent sur les perpendiculaires aux milieux des côtés AB, BC,... Je dis de plus qu'ils se projettent sur la même circonférence Kf. En effet, les trois arêtes en F forment un angle trièdre égal à l'angle A comme ayant un angle dièdre égal compris entre deux faces égales chacune à chacune; par conséquent la face restante LFQ est l'angle du pentagone régulier, la droite LQ est donc égale à FG; donc $lmnpq$ forme un pentagone régulier égal à $fghij$, et par suite inscrit dans le même cercle.

Nous obtenons ainsi une figure ouverte, en forme de corbeille dentelée, dont les angles L, M, N, P, Q sont saillants et les angles F, G, H, I, J rentrants, c'est-à-dire ont les pointes dirigées vers le plan ABCDE. Pour concevoir que le point L est plus élevé que F, il suffit de remarquer que FG est parallèle au plan ABCDE.

Concevons une seconde figure identique à la précédente et dont nous désignerons les points par les mêmes lettres accentuées; plaçons-la dans une position renversée, la droite KK' étant perpendiculaire au plan du dessin et sa position coïncidant avec la première figure; puis faisons-lui faire un demi-tour sur KK', de ma nière que sa base se projette en $a'b'c'd'e'$. Les angles saillants L', M', N', P', Q' se placeront respectivement dans les angles rentrants I, J, F, G, H, et les angles rentrants F', G', H', I', J' coïncideront avec les angles saillants N, P, Q, L, M.

Le polyèdre ainsi complété est renfermé sous douze pentagones réguliers égaux, les angles trièdres sont égaux et réguliers, et par conséquent les inclinaisons des faces sont toutes égales.

612. Les faces étant toutes égales, si nous plaçons le dodécaèdre sur lui-même en portant la face ABGLF sur ABCDE, les faces opposées A'B'G'L'F' et A'B'C'D'E' coïncideront; donc les deux faces ABGLF et A'B'G'L'F' sont parallèles, et la droite qui unit leurs centres viendra coïncider avec KK'. Ces deux droites sont dans un même plan. On verrait de même que les six droites qui unissent les centres des faces opposées sont perpendiculaires à ces faces égales et se coupent en un point O, qui est le milieu de chacune d'elles. Ce point O est donc le centre d'une sphère inscrite au dodécaèdre.

Ce même point est également distant de tous les sommets, car les droites qui l'unissent au sommet d'un même pentagone sont égales comme obliques s'écartant également du pied de la perpendiculaire. Il est donc aussi le centre d'une sphère circonscrite au dodécaèdre.

613. Pour avoir les rayons des deux sphères, il faut d'abord calculer le rayon Kf qui limite la projection du polyèdre; pour cela posons $KA = \rho$, $Kf = \rho'$, $AB = a$, $AD = fg = A$. Le triangle isocèle ABD ayant les angles à la base doubles de l'angle au sommet, a est le côté du décagone inscrit dans un cercle de rayon A (n° **283**); on a donc

$$a^2 = A\,(A - a),$$

d'où l'on tire la valeur positive

$$A = \frac{1}{2}\,a\left(1 + \sqrt{5}\right).$$

Mais A est le côté du pentagone inscrit dans le cercle de rayon ρ', le côté du décagone serait

$$\frac{1}{2}\,\rho'\left(-1 + \sqrt{5}\right);$$

on aura donc (n° **284**)

$$A^2 = \rho'^2 + \frac{1}{4}\rho'^2 \left(-1 + \sqrt{5}\right)^2,$$

d'où l'on tire

$$\rho' = \frac{A\sqrt{2}}{\sqrt{5-\sqrt{5}}} \quad \text{ou} \quad \rho' = \frac{a\sqrt{2}\left(1+\sqrt{5}\right)}{2\sqrt{5-\sqrt{5}}}.$$

On aura de même

$$\rho = \frac{a\sqrt{2}}{\sqrt{5-\sqrt{5}}}, \quad \text{d'où} \quad \rho' = \frac{1}{2}\rho\left(1+\sqrt{5}\right);$$

on conclura de là

$$\rho' - \rho = Af = \frac{1}{2}\rho\left(-1+\sqrt{5}\right), \quad \rho' + \rho = Dl = \frac{1}{2}\rho\left(3+\sqrt{5}\right);$$

DT se déduira du triangle DAT, et l'on connaîtra Tl. Puis,
pour avoir KK′, remarquons que chacune des deux corbeilles a
pour plus grande hauteur Ll, mais les parties dentelées s'enga-
geant l'une dans l'autre, leur hauteur ne doit être prise qu'une
fois, de sorte que définitivement

$$KK' = Ff + Ll;$$

or AF et Af sont les côtés du pentagone et du décagone, donc

$$Ff = \rho, \quad Ll = \sqrt{\overline{DT}^2 - \overline{Tl}^2};$$

on connaîtra donc

$$r = \frac{1}{2}KK'.$$

Enfin, R s'obtiendra comme hypoténuse du triangle rectangle OKA,
d'où

$$R = \sqrt{a^2 + r^2}.$$

614. On obtient facilement ces deux rayons et l'angle du dodécaèdre par la construction géométrique suivante. Les droites égales
DT et TL (*fig.* 271) mesurent l'angle dièdre ; pour construire le
triangle isocèle DTL, élevons en l une perpendiculaire à Dl, et
coupons-la par une circonférence décrite du centre T, et avec le
rayon DT, unissons LT, et l'angle DTL mesure l'angle dièdre demandé.

Pour avoir les rayons des deux sphères, remarquons que le

point O est également distant de toutes les faces et par conséquent des deux droites DT et TL; donc TO est la bissectrice de l'angle DTL; menons donc cette bissectrice, élevons en K une perpendi-

Fig. 271.

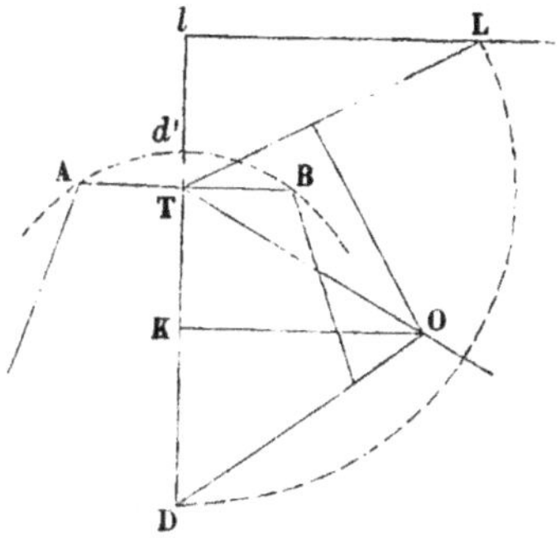

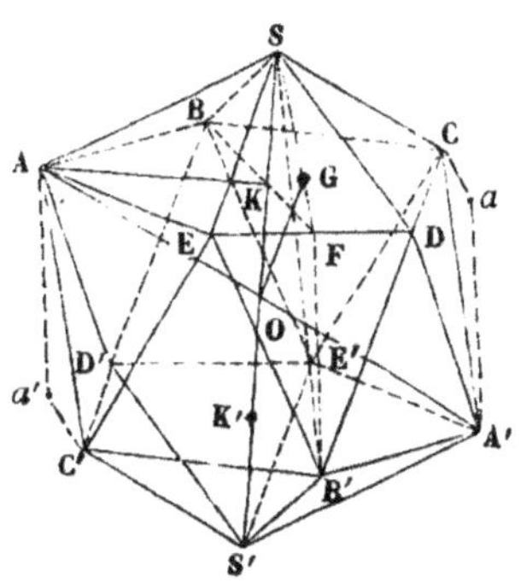

culaire sur TD, elle coupera la bissectrice au point O; unissons OD et nous aurons

$$r = OK, \quad R = OD.$$

De l'icosaèdre.

615. *Construction.* — Les angles polyèdres résultant de la réunion de cinq triangles équilatéraux, je construis d'abord un pentagone régulier ABCDE (*fig.* 272); à son centre K et sur son plan j'élève une perpendiculaire sur laquelle je prends un point S

Fig. 272.

Fig. 273.

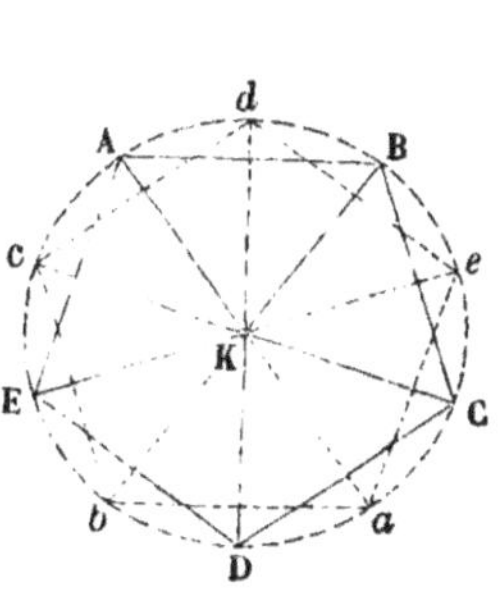

tel que SA = AB (*fig.* 273), et je l'unis à tous les sommets du pentagone. J'obtiens ainsi une pyramide dont l'angle S est régulier et formé de cinq triangles équilatéraux. Sur la même perpendiculaire je prends $Ks = KS$, et j'unis s aux sommets du pentagone $abcde$ ($fig.$ 272) inscrit au même cercle et déduit du même décagone. Je forme une seconde pyramide égale à la première, et je la fais glisser parallèlement à elle-même ; le sommet s restant sur la perpendiculaire Ss, les autres sommets décriront dans ce mouvement des droites égales et parallèles à celle décrite par s. Le point a, actuellement distant de C d'une longueur égale au côté du décagone, s'en éloigne de plus en plus ; j'arrêterai la pyramide lorsque la distance A'C ($fig.$ 273) sera égale au côté AB du pentagone ; en unissant alors A'C et A'D, B'D et B'E,...., on achèvera l'icosaèdre régulier. En effet, le polyèdre ainsi formé se compose de deux pyramides pentagonales SABCDE et S'A'B'C'D'E', contenant ensemble dix faces triangulaires, et d'une zone comprise entre les bases de ces deux pyramides, laquelle renferme encore dix triangles équilatéraux, savoir : les cinq A'CD, B'DE, C'EA, D'AB et E'BC, et les cinq AC'D', BD'E', CE'A', DA'B' et EB'C'.

Les angles polyèdres aux sommets des deux pentagones sont évidemment égaux entre eux ; de plus, les droites AA', BB'.... SS' sont égales et se coupent en leurs milieux. En effet les droites AKa ($fig.$ 272 et 273) et a'K'A' égales et parallèles déterminent un plan dans lequel SA et S'A', aussi égales et parallèles, sont les côtés opposés d'un parallélogramme dont SS' et AA' sont les diagonales ; elles se coupent donc en un point O, milieu de chacune d'elles ; on démontrera de même que BB', CC'.... passent par ce point O et y sont coupées en deux parties égales. En second lieu dans le triangle rectangle ASK, l'hypoténuse SA est le côté du pentagone, AK est le rayon ρ du cercle circonscrit, donc SK est le côté du décagone (n° 284) ; dans le triangle rectangle CaA' l'hypoténuse CA' est le côté du pentagone, Ca est le côté du décagone, donc aA', ou son égale KK', est le rayon ρ du cercle. On a donc

$$SK = \tfrac{1}{2}\rho\,(-1 + \sqrt{5}) \quad \text{et} \quad SS' = 2SK + KK' = \rho\sqrt{5}.$$

Dans le triangle rectangle AaA', Aa = 2ρ et aA' = ρ. donc

$$\overline{AA'}^{2} = 4\rho^{2} + \rho^{2} \quad \text{et} \quad AA' = \rho\sqrt{5}.$$

On trouverait aussi cette même valeur $\rho\sqrt{5}$ pour BB', CC'....

Le point O est également distant de tous les sommets. Si on le prend pour sommet de pyramides ayant pour bases les diverses faces de l'icosaèdre, ces pyramides sont toutes égales, et par conséquent ont même hauteur. Le point O est donc le centre de deux sphères, l'une circonscrite et l'autre inscrite à l'icosaèdre régulier.

Il est facile de reconnaître que l'angle polyèdre A est égal à S, puisque les cinq pyramides qui ont pour bases les faces de l'angle A pourront être placées sur celles qui ont pour bases les faces de S, et par conséquent l'angle A lui-même coïncidera avec S.

Les droites SS', AA',... sont des *axes* de l'icosaèdre et aussi des angles polyèdres dont ils unissent les sommets. Il résulte de tout cela que toutes les figures, telles que BSEC'D', ASCE'D',... sont des pentagones réguliers (n° 446); deux, telles que ASCE'D' et A'S'C'ED , sont dans des plans parallèles et partagent l'icosaèdre en deux pyramides égales et une zone renfermée par dix triangles.

616. Nous avons déjà trouvé le rayon SO de la sphère circonscrite; pour avoir celui OG de la sphère inscrite, remarquons que le pied G est le centre du triangle ESD; en faisant, comme pour les autres polyèdres, $\mathrm{ED} = a$, nous trouvons

$$\mathrm{SF} = \sqrt{a^2 - \frac{1}{4}a^2} = \frac{1}{2}a\sqrt{3}, \quad \mathrm{SG} = \frac{1}{3}a\sqrt{3}, \quad \overline{\mathrm{OG}}^2 = \mathrm{R}^2 - \frac{1}{3}a^2;$$

mais

$$\mathrm{R}^2 = \frac{5}{4}\rho^2 \quad \text{et} \quad a^2 = \rho^2 + \frac{1}{2}\rho^2\left(3 + \sqrt{5}\right),$$

d'où

$$\rho^2 = \frac{2a^2}{5 + \sqrt{5}} \quad \text{et} \quad \mathrm{R}^2 = \frac{5a^2}{10 + 2\sqrt{5}},$$

d'où, définitivement,

$$\mathrm{R} = \frac{a\sqrt{5}}{\sqrt{10 + 2\sqrt{5}}},$$

$$r = \sqrt{\frac{5a^2}{10 + 2\sqrt{5}} - \frac{1}{3}a^2} = a\sqrt{\frac{-2 + \sqrt{5}}{6\left(1 + \sqrt{5}\right)}}.$$

617. Pour construire ces rayons en même temps que l'angle

dièdre, remarquons que, SS' étant un diamètre de la sphère circonscrite, le triangle SS'B' est rectangle ; l'on en connaît l'hypoténuse, dont la valeur est très-simple à construire, et le côté S'B', arête de l'icosaèdre ; le troisième côté est ensuite la base du triangle isocèle SFB', dont les côtés sont égaux à la hauteur du triangle équilatéral, et dont l'angle en F est l'angle dièdre demandé.

Si l'on construit les deux triangles à la suite l'un de l'autre pour avoir OG, il suffira d'abaisser du point O une perpendiculaire sur SF, ce qui résulte de ce que les deux triangles sont visiblement dans le plan des deux arêtes parallèles SB et S'B', car B, K, F sont en ligne droite.

618. En résumé de tout ce qui précède nous ne tirerons que la conclusion suivante, savoir : que tous les polyèdres réguliers sont inscriptibles et circonscriptibles à la sphère ; les deux sphères circonscrite et inscrite ont même centre : ce point est dit aussi le *centre* du polyèdre.

CHAPITRE V.
DES POLYÈDRES SEMBLABLES.

619. Nous avons déjà remarqué que dans un polyèdre on doit considérer comme éléments constitutifs les *faces*, les *arêtes* ou intersections de deux faces voisines, les *angles dièdres* ou inclinaisons des faces qui se coupent, et les *angles polyèdres* ou simplement les *angles* formés par toutes les faces qui se réunissent à un même sommet.

THÉORÈME I.

620. *Deux polyèdres renfermés sous un même nombre de faces semblables chacune à chacune et également inclinées entre elles ont les angles égaux et les arêtes homologues proportionnelles.*

Nous entendons par *arêtes homologues* celles qui unissent les sommets d'angles égaux.

En effet, les faces étant semblables, elles ont les angles égaux et les côtés homologues proportionnels; donc : 1° les angles des deux polyèdres ont les angles plans égaux et les angles dièdres égaux chacun à chacun, donc ils sont égaux; 2° les faces semblables donnent des suites de rapports égaux formés par les arêtes ou côtés homologues; et comme deux faces adjacentes ont un côté commun, ces suites sont liées par des rapports communs et ne font ensemble qu'une même suite de rapports égaux formés par les arêtes homologues des deux polyèdres.

THÉORÈME II.

621. *Deux polyèdres, qui ont les angles égaux chacun à chacun et les arêtes homologues proportionnelles sont renfermés sous un même nombre de faces semblables chacune à chacune et également inclinées entre elles.*

En effet, les angles étant égaux sont formés par la réunion d'un même nombre de faces dont les angles sont égaux et les côtés proportionnels; donc ces faces sont semblables. De plus, les angles égaux ont leurs angles dièdres homologues égaux, donc les faces semblables sont également inclinées entre elles.

622. Les données de ces deux théorèmes peuvent servir à définir les polyèdres semblables, mais je préfère celles du second théorème. En effet, la notion de similitude est d'ordre général, elle n'appartient pas exclusivement aux mathématiques. Le sentiment commun est que deux figures semblables doivent être composées d'un même nombre d'éléments assemblés de la même manière et de même grandeur relative, ce qui veut dire que les angles de toute nature doivent être égaux chacun à chacun et les arêtes proportionnelles.

Nous dirons donc que *deux polyèdres sont semblables lorsqu'ils ont les angles égaux et les arêtes homologues proportionnelles.* Nous conclurons du théorème I *que deux polyèdres sont semblables lorsqu'ils sont renfermés sous un même nombre de faces semblables chacune à chacune et également inclinées entre elles.*

THÉORÈME III.

623. *Si l'on coupe une pyramide par un plan parallèle à la base, on détache une seconde pyramide semblable à la première.*

En effet, la section FGHIK (*fig.* 274) est semblable à la base ABCDE (n° 483), les faces latérales des deux pyramides sont aussi semblables (n° 496). De plus, les angles dièdres sur les arêtes latérales sont communs et ceux aux bases sont égaux comme angles correspondants formés par deux plans parallèles avec un troisième (n° 406); donc les deux pyramides sont semblables.

624. Cette conclusion, étant indépendante de la nature de la base, convient encore au cône droit (*fig.* 275) ou oblique (*fig.* 276).

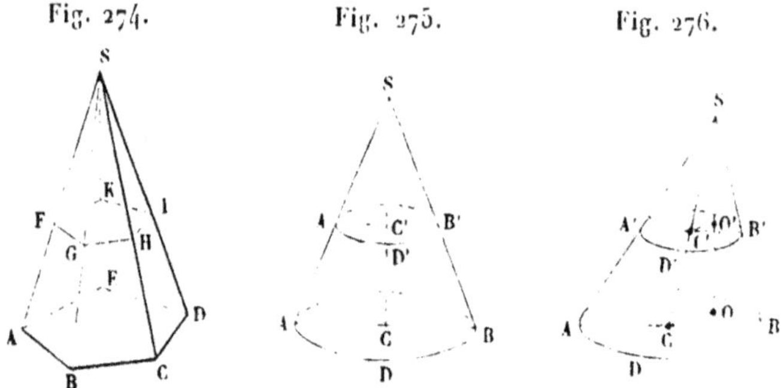

Fig. 274.   Fig. 275.   Fig. 276.

Donc, *en coupant un cône droit ou oblique par un plan parallèle à la base, on forme un second cône semblable au premier.*

625. Deux cônes de révolution peuvent toujours être considérés comme renfermés sous un même nombre de faces latérales semblables chacune à chacune et également inclinées entre elles; car ces faces sont des triangles isocèles infiniment étroits dont les angles à la base diffèrent infiniment peu d'un angle droit. Les angles dièdres qu'elles forment diffèrent eux-mêmes infiniment peu de deux angles droits. Les bases sont toujours aussi des faces semblables (n° 231); mais les angles qu'elles font avec les faces latérales ne sont égaux que lorsque les deux cônes peuvent être placés l'un sur l'autre (*fig.* 275). Les seuls éléments linéaires d'un

cône sont l'arête, la hauteur et la circonférence ou le rayon de la base. En les désignant respectivement par A, h et R pour le cône SADB, et par A′, h′ et R′ pour le cône SA′B′D′, la condition de similitude sera renfermée dans la suite des rapports égaux

$$\frac{A}{A'} = \frac{h}{h'} = \frac{R}{R'};$$

alors les deux triangles générateurs SAC et SA′C′ sont semblables (n° 209).

THÉORÈME IV.

626. *Deux pyramides triangulaires sont semblables :*

1° *Quand elles ont les angles polyèdres égaux chacun à chacun;*

2° *Quand elles ont les arêtes proportionnelles;*

3° *Quand elles ont deux faces semblables chacune à chacune et également inclinées entre elles.*

En effet, soient les deux pyramides SABC et S′A′B′C′ (*fig* 277).

Fig. 277.

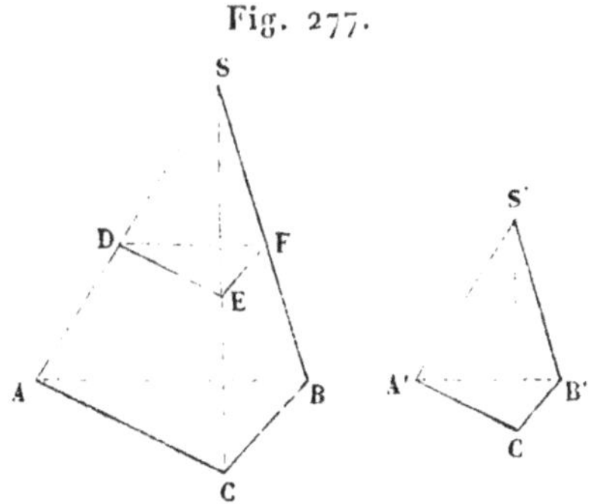

1° Les angles polyèdres S′, A′, B′, C′ étant respectivement égaux aux angles polyèdres S, A, B, C, ils ont les angles plans égaux ainsi que les angles dièdres. Donc les faces des pyramides sont des triangles équiangles, et par conséquent semblables chacun à chacun, et de plus également inclinés entre eux. Donc les deux pyramides sont semblables (n° 622).

2° Les arêtes étant proportionnelles, les faces des deux pyramides sont semblables (n° 209). Donc les angles trièdres sont égaux et les pyramides sont semblables.

3° Soient les faces S′A′B′ et S′A′C′ semblables aux faces SAB et SAC, et de plus également inclinées. Je prends SD = S′A′, et je mène DEF parallèle à ABC; la pyramide SDEF est semblable à SABC, et je dis qu'elle est égale à S′A′B′C′; car S′A′B′ et SDF sont égales comme étant l'une et l'autre semblables à SAB et ayant un côté égal; par une même raison, S′A′C′ est égale à SDE. Ces faces égales étant également inclinées, on pourra faire coïncider les deux pyramides; donc elles sont égales. Or, SDEF est semblable à SABC, donc aussi S′A′B′C′ est semblable à SABC.

THÉORÈME V.

627. *Deux pyramides polygonales sont semblables quand elles ont les bases semblables et une face latérale semblable et également inclinée sur le plan de la base.*

En effet, en prenant sur une arête SA de la grande pyramide (*fig.* 274) une longueur SF égale à l'arête homologue de la seconde et menant le plan FGHIK parallèle à la base, on formera une pyramide SFGHIK semblable à la pyramide SABCDE, et l'on démontrerait comme ci-dessus son égalité avec la seconde pyramide.

628. Le rapprochement entre l'égalité et la similitude peut fournir les théorèmes relatifs à la similitude, en remplaçant les égalités de longueur par leur proportionnalité, ou les égalités de surface par leur similitude. Le mode de démonstration sera toujours facile à concevoir; je me contenterai donc d'énoncer les théorèmes suivants :

THÉORÈME VI.

629. *Deux prismes triangulaires sont semblables quand ils ont deux faces semblables chacune à chacune et également inclinées entre elles* (n° 464).

THÉORÈME VII.

630. *Deux prismes quelconques sont semblables quand ils ont les bases et une face latérale semblables chacune à chacune et également inclinées entre elles* (n° 463).

631. Parmi les prismes, en considérant en particulier les cylin-

dres, et nous bornant aux cylindres de révolution, les bases sont toujours des polygones semblables (n° 231). Les faces latérales, infiniment étroites, doivent toujours aussi être considérées isolément comme des parallélogrammes semblables; les angles dièdres sont aussi égaux. Il semblerait résulter de là que deux cylindres quelconques sont semblables, ce qui n'est pas vrai. Mais il faut remarquer que, si l'on développe les surfaces latérales, les deux parallélogrammes rectangles, étant composés d'un même nombre de parallélogrammes semblables chacun à chacun, doivent être semblables. On doit donc avoir (n° 508)

$$\frac{2\pi R}{2\pi R'} \quad \text{ou} \quad \frac{R}{R'} = \frac{h}{h'},$$

ce qui est la condition de similitude de deux cylindres.

THÉORÈME VIII.

632. *Deux polyèdres semblables sont toujours décomposables en un même nombre de pyramides semblables chacune à chacune et semblablement disposées.*

Soient P et P' (*fig.* 278) deux polyèdres semblables; ils ont les

Fig. 278.

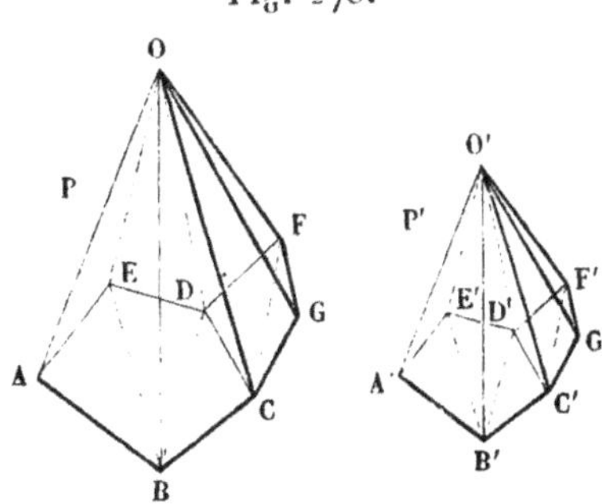

faces semblables chacune à chacune et les angles dièdres égaux. Prenons deux sommets homologues O et O', nous pourrons toujours décomposer le polyèdre P en pyramides ayant pour sommet commun le point O et pour bases les faces qui ne passent pas par ce sommet. Nous décomposerons aussi de la même manière le polyèdre P'.

Cela posé, soient OABCDE et O'A'B'C'D'E' deux pyramides ayant les bases semblables ABCDE et A'B'C'D'E'; les faces latérales OAB et O'A'B' sont aussi semblables (n° 232), les angles dièdres sur AB et A'B' sont égaux; donc les deux pyramides sont semblables (n° 627). De là résulte que les autres faces sont semblables et les angles dièdres égaux.

Soient CDFG et C'D'F'G' deux autres faces semblables adjacentes aux précédentes; les angles dièdres ACDG et A'C'D'G' sont égaux; mais nous venons de voir que les parties OCDA et O'C'D'A' sont égales, donc les parties restantes OCDG et O'C'D'G' sont aussi égales. Les pyramides OCDFG et O'C'D'F'G' ont donc aussi les bases et une face latérale semblables et également inclinées; donc elles sont semblables. On en conclurait encore la similitude des diverses faces et l'égalité des angles dièdres, ce qui conduirait à reconnaître la similitude de deux nouvelles pyramides adjacentes à l'une des précédentes, et ainsi de suite de proche en proche.

THÉORÈME IX.

633. *Deux polyèdres composés d'un même nombre de pyramides triangulaires semblables et semblablement disposées sont semblables.*

Soient les polyèdres P et P' composés d'un même nombre de pyramides triangulaires semblables chacune à chacune OABE et O'A'B'E', OBDE et O'B'D'E', OBCD et O'B'C'D', OCDF et O'C'D'F',.... De toutes ces similitudes on conclut que si les bases ABE, BDE et BCD sont dans un même plan, les bases semblables A'B'E', B'D'E' et B'C'D' sont aussi dans un même plan, car la somme des angles dièdres OBEA et OBED valant 2 droits, la somme des angles O'B'E'A' et O'B'E'D', qui sont respectivement égaux aux précédents, vaudra aussi 2 droits. La même chose a lieu sur les arêtes BD et B'D'. Les faces ABCDE et A'B'C'D'E' sont donc semblables. En continuant cette opération, on reconnaîtra que les deux polyèdres P et P' sont renfermés sous un même nombre de faces semblables chacune à chacune.

D'un autre côté les angles dièdres BCDF et B'C'D'F' sont égaux comme formés de parties égales chacune à chacune, savoir : OCDB = O'C'D'B' et OCDF = O'C'D'F' à cause de la similitude des pyramides. Donc les faces semblables des polyèdres P et P′ sont également inclinées entre elles, et par conséquent les deux polyèdres sont semblables.

634. Nous avons décomposé les deux polyèdres en pyramides ayant pour sommet commun un des sommets des polyèdres. On aurait pu prendre un point S dans l'intérieur du polyèdre : pour avoir le point S′ que l'on devait alors choisir dans le polyèdre P′, il aurait fallu construire d'abord sur une face F du polyèdre P la pyramide (S, F), puis sur la face F′ de P′, semblable à la face F de P, une pyramide semblable à (S, F), et son sommet S′ aurait été le point cherché. On pourra facilement démontrer, en partant des pyramides semblables (S, F) et (S′, F′) et de la similitude des polyèdres, que toutes les autres pyramides sont semblables chacune à chacune. Le théorème réciproque ne présente pas plus de difficulté.

Les points S et S′ sont dits *points homologues* des deux polyèdres semblables. Si l'on détermine de même deux autres points homologues T et T′, les droites ST et S′T′ sont des *droites homologues* des deux polyèdres. On peut aussi démontrer facilement que deux droites homologues quelconques sont entre elles comme deux arêtes homologues.

Théorème X.

635. *Les surfaces de deux polyèdres semblables sont entre elles comme les carrés de deux arêtes homologues quelconques, ou comme les carrés de deux droites homologues quelconques.*

En effet, soient P et p deux polyèdres semblables ; désignons par F, F′, F″, F‴,..., les faces du premier, et par f, f', f'', f''',..., les faces respectivement semblables du second. Puisque les polyèdres sont semblables, les arêtes homologues sont proportionnelles ; donc aussi les carrés de ces arêtes sont proportionnels (*Alg.*, n° 152), et si A et a sont deux arêtes homologues, on pourra remplacer le rapport des carrés de deux arêtes homologues quelconques par celui de A^2 à a^2. Cela posé, les faces semblables des polyèdres donneront les proportions (n° 244)

$$\frac{F}{f} = \frac{A^2}{a^2}, \quad \frac{F'}{f'} = \frac{A^2}{a^2}, \quad \frac{F''}{f''} = \frac{A^2}{a^2}, \quad \frac{F'''}{f'''} = \frac{A^2}{a^2}, \cdots,$$

qui ont toutes un rapport commun, d'où l'on déduit (*Algèbre*, n° 154)

$$\frac{F + F' + F'' + \ldots}{f + f' + f'' + \ldots} \quad \text{ou} \quad \frac{\text{surf. P}}{\text{surf. } p} = \frac{A^2}{a^2}.$$

636. En appliquant cette propriété aux cônes et aux cylindres, nous verrons que leurs surfaces, soit latérales, soit totales, sont entre elles comme les carrés des rayons des bases.

En effet, les surfaces latérales de ces corps sont

$$S = 2\pi RH \quad \text{et} \quad S = \pi RA,$$

d'où, pour deux cylindres ou deux cônes semblables,

$$\frac{S}{s} = \frac{RH}{rh} \quad \text{et} \quad \frac{S}{s} = \frac{RA}{ra};$$

mais on a les proportions

$$\frac{R}{r} = \frac{H}{h} \quad \text{et} \quad \frac{R}{r} = \frac{A}{a},$$

qui réduisent les précédentes à

$$\frac{S}{s} = \frac{R^2}{r^2}.$$

En ajoutant les surfaces des bases $2\pi R^2$, $2\pi r^2$ pour les cylindres, et πR^2, πr^2 pour les cônes, nous aurons encore

$$\frac{S + 2\pi R^2}{s + 2\pi r^2} = \frac{R^2}{r^2} \quad \text{et} \quad \frac{S + \pi R^2}{s + \pi r^2} = \frac{R^2}{r^2}.$$

THÉORÈME XI.

637. *Les volumes de deux polyèdres semblables sont entre eux comme les cubes des arêtes homologues.*

1° Soient deux pyramides semblables que nous supposerons transportées l'une sur l'autre. Les bases étant alors parallèles, en abaissant du sommet S (*fig.* 279) une perpendiculaire sur la base

Fig. 279.

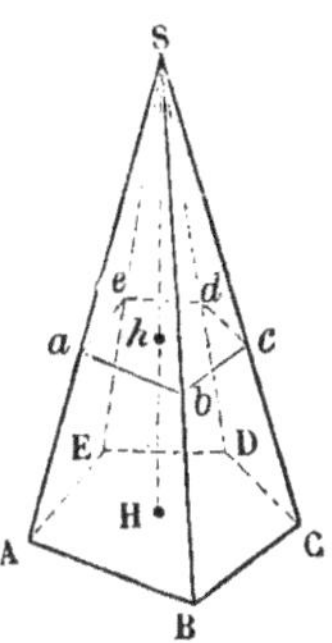

ABCDE, elle le sera aussi à sa parallèle *abcde*, et nous aurons pour les volumes

$$V = \frac{1}{3}\, ABCDE \times SH \quad \text{et} \quad v = \frac{1}{3}\, abcde \times Sh,$$

d'où

$$\frac{V}{v} = \frac{ABCDE \times SH}{abcde \times Sh};$$

mais les bases parallèles donnent la proportion $\dfrac{ABCDE}{abcde} = \dfrac{\overline{SH}^2}{\overline{Sh}^2}$

(n° 484), qui, multipliée terme à terme avec la précédente, donne

$$\frac{V}{v} = \frac{\overline{SH}^3}{\overline{Sh}^3},$$

après avoir supprimé les facteurs communs aux antécédents et aux conséquents. Enfin, les hauteurs sont proportionnelles aux arêtes; on a

$$\frac{SH}{Sh} = \frac{SA}{Sa},$$

d'où

$$\frac{\overline{SH}^3}{\overline{Sh}^3} = \frac{\overline{SA}^3}{\overline{Sa}^3},$$

et par conséquent

$$\frac{V}{v} = \frac{\overline{SA}^3}{\overline{Sa}^3}.$$

2° Soient V et v les volumes de deux polyèdres semblables; nommons P, P′, P″,..., les pyramides composant le premier polyèdre, p, p', p'',..., les pyramides semblables composant le second polyèdre. Soit A une arête du premier et a l'arête homologue du second. Les rapports des cubes des arêtes homologues étant égaux, nous pourrons remplacer le rapport des cubes de deux arêtes quelconques par celui de A^3 à a^3, et alors les pyramides semblables donneront les proportions

$$\frac{P}{p} = \frac{A^3}{a^3}, \quad \frac{P'}{p'} = \frac{A^3}{a^3}, \quad \frac{P''}{p''} = \frac{A^3}{a^3}, \ldots$$

qui ont toutes un rapport commun; l'on en déduit

$$\frac{P + P' + P'' + \ldots}{p + p' + p'' + \ldots} \quad \text{ou} \quad \frac{V}{v} = \frac{A^3}{a^3}.$$

638. Ces propositions s'appliquent aux cylindres, aux cônes et aux troncs de cônes semblables. En effet, les volumes de ces trois corps sont respectivement

$$V = \pi R^2 h, \quad V = \frac{1}{3}\pi R^2 h, \quad V = \frac{1}{3}\pi(R^2 + r^2 + Rr)h;$$

mais, à cause de la similitude, on aura

$$\frac{R}{R'} = \frac{r}{r'} = \frac{h}{h'} = \frac{A}{A'}.$$

d'où l'on peut déduire

$$R = An, \quad r = Ap, \quad h = Aq,$$

et, par suite,

$$R' = A'n, \quad r' = A'p, \quad h' = A'q;$$

les volumes précédents deviennent, par les substitutions de ces valeurs,

$$V = \pi A^3 n^2 q, \quad V = \frac{1}{3}\pi A^3 n^2 q, \quad V = \frac{1}{3}\pi A^3 q(n^2 + p^2 + np),$$

et, pour les autres corps qui sont semblables,

$$V' = \pi A'^3 n^2 q, \quad V' = \frac{1}{3}\pi A'^3 n^2 q, \quad V' = \frac{1}{3}\pi A'^3 q(n^2 + p^2 + np),$$

par conséquent, dans les trois cas,

$$\frac{V}{V'} = \frac{A^3}{A'^3}.$$

639. Deux polyèdres réguliers d'un même nombre de faces
sont semblables, car ils sont renfermés sous un même nombre de
faces semblables chacune à chacune et également inclinées entre
elles. Il résulte de là que les surfaces de ces polyèdres semblables
sont entre elles comme les carrés des arêtes, et par suite aussi
comme les carrés des rayons des sphères inscrites et des sphères
circonscrites. De même, les volumes de deux polyèdres réguliers
semblables sont entre eux comme les cubes des arêtes, et aussi
comme les cubes des rayons de ces mêmes sphères.

640. Soient deux demi-cercles concentriques (*fig.* 280); inscri-
vons dans chacun d'eux un demi-polygone régulier du même

Fig. 280.

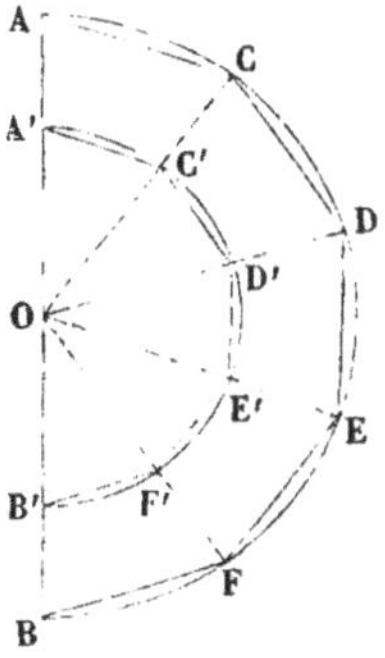

nombre de côtés. Les corps engendrés par ces demi-polygones
tournant autour de AB sont semblables, car ils se composent de
parties engendrées par des triangles, des trapèzes ou des parallélogrammes semblables, et qui engendrent des cônes, des troncs de
cônes ou des cylindres semblables. Or, à mesure que le nombre des
côtés des polygones inscrits augmentera, les corps engendrés approcheront de plus en plus des sphères engendrées par les demi-cercles circonscrits; donc deux sphères sont deux figures semblables.
D'où résulte que les surfaces de deux sphères sont entre elles comme

les carrés des rayons, et leurs volumes comme les cubes de ces mêmes rayons. Ces conclusions sont aussi une conséquence immédiate des formules qui donnent la surface et le volume d'une sphère.

641. On verrait de même que, sur deux sphères différentes, les triangles, et en général les polygones, qui ont les angles égaux et les côtés proportionnels sont semblables; mais il n'existe pas de figures semblables sur une même sphère.

CHAPITRE VI.
DES FIGURES SYMÉTRIQUES.

642. Nous avons déjà vu (n° 435) qu'en prolongeant au delà du sommet les arêtes d'un angle polyèdre, on forme un second angle polyèdre dont toutes les parties sont égales à celles du premier, disposées dans le même ordre, mais en sens inverse, de sorte que ces deux angles polyèdres ne peuvent pas se superposer. Nous les avons désignés sous le nom d'*angles polyèdres symétriques*. Ces deux angles détachés l'un de l'autre ne cesseront pas de présenter les mêmes circonstances d'égalité, avec l'impossibilité de la superposition.

643. On considère en géométrie la *symétrie absolue*, comme celle de ces angles polyèdres détachés l'un de l'autre, et la *symétrie de position*.

Dans la géométrie plane il n'existe pas de symétrie absolue. Deux figures, ou portions de figures, composées d'éléments égaux chacun à chacun et disposés dans le même ordre peuvent toujours être superposées; mais il existe encore la symétrie de position. Deux figures, ou portions de figures, peuvent être symétriquement placées par rapport à un point qu'on nomme *centre de symétrie*, ou par rapport à une droite qu'on nomme *axe de symétrie*.

Les extrémités d'une droite limitée sont deux points symétriquement placés par rapport au point milieu de la droite. Les sommets opposés d'un parallélogramme sont symétriquement placés par rapport au point d'intersection des diagonales. Si l'on prolonge deux côtés d'un triangle au delà du sommet, de quantités égales aux côtés eux-mêmes, et qu'on unisse les extrémités, on obtient un second triangle égal au premier, et les deux triangles sont symétriquement placés par rapport au sommet commun. Tels sont deux des triangles opposés formés par les diagonales d'un parallélogramme ; par exemple AOD et BOC (n° 159). Il est facile de reconnaître que toute droite menée par le point O et terminée sur AD et BC sera divisée au point O en deux parties égales. Si l'on fait pivoter l'un des triangles sur le point O, il viendra coïncider avec l'autre, et les moitiés des droites menées par le point O coïncideront en même temps. En général, *deux figures sont symétriquement placées par rapport à un point, lorsque ces deux figures ayant tous leurs éléments égaux chacun à chacun et disposés dans le même ordre, les droites qui unissent les points homologues passent toutes par ce centre de symétrie et y sont divisées en deux parties égales*. Cette définition s'étend aux figures de l'espace.

644. Deux points sont symétriquement placés par rapport à une droite, lorsqu'ils en sont à la même distance et sur la même perpendiculaire à la droite. Tels sont les points d'intersection de deux circonférences de cercle par rapport à la ligne des centres. En général, deux figures égales sont symétriquement placées par rapport à une droite, lorsque tous les points homologues sont symétriquement placés par rapport à cette droite. Si l'on fait tourner l'une des figures autour de l'*axe de symétrie,* elle viendra coïncider avec l'autre.

Tout diamètre d'un cercle le divise en deux parties symétriquement placées par rapport à ce diamètre (n° 72). Le diamètre est donc un axe de symétrie du cercle. Il en est de même des droites qui unissent les sommets d'un polygone régulier à son centre. Je nomme ces droites *axes de symétrie directe* de la figure, cercle ou polygone.

On peut encore faire coïncider les deux demi-cercles, en faisant pivoter l'un d'eux autour du centre, jusqu'à ce que le diamètre

soit revenu sur lui-même. Si le polygone régulier a un nombre
pair de côtés, les deux moitiés coïncideront encore, en faisant pivoter de la même manière l'une d'elles autour de son centre. Mais si
le polygone régulier a un nombre impair de côtés, alors le centre O
n'est plus le milieu de l'axe, puisqu'il laisse d'un côté une longueur
égale au rayon, et de l'autre une longueur égale seulement à l'apothème. Dans ce cas les deux moitiés de polygone ne pourront pas
coïncider par ce pivotement autour du centre, et aucune droite
ne partagera le polygone en deux parties superposables par ce
procédé. Je nomme *axes de symétrie inverse* les droites qui partagent la figure en deux parties que l'on peut faire coïncider par
ce mouvement particulier. Ainsi tous les diamètres d'un cercle, les
deux axes d'une ellipse ou d'une hyperbole, les droites menées du
centre aux sommets ou aux milieux des côtés d'un polygone régulier d'un nombre pair de côtés, etc., sont à la fois axes de symétrie
directe et axes de symétrie inverse. L'axe d'une parabole, les
droites menées du centre aux sommets d'un polygone régulier
d'un nombre impair de côtés, etc., sont simplement des axes de
symétrie directe. Les diamètres d'une ellipse ou d'une hyperbole
autres que les axes, toutes les droites menées du centre d'un po-
polygone régulier d'un nombre pair de côtés autres que les précédentes sont simplement axes de symétrie inverse.

Lorsqu'une figure possède plusieurs axes de symétrie, ces axes
se coupent tous en un même point, qui est le centre de la figure;
mais ce point n'est le milieu des axes et des autres droites qui y
passent, qu'autant que ces axes sont à la fois axes de symétrie directe et axes de symétrie inverse. Lorsqu'une figure possède un
nombre pair d'axes de symétrie directe, ces axes et toutes les
droites menées par leur point d'intersection sont des axes de symétrie inverse. Mais, lorsqu'une figure possède un nombre impair d'axes de symétrie directe, elle ne possède aucun axe de symétrie inverse.

645. Dans l'espace deux figures peuvent encore être symétriquement placées par rapport à un point qu'on nomme toujours *centre
de symétrie,* ou par rapport à un plan auquel on donne le nom
de *plan de symétrie.* Deux polyèdres sont symétriquement placés
par rapport à un point, lorsque les sommets homologues sont sur

une même droite passant par ce point, et en sont à la même distance. Deux polyèdres sont symétriquement placés par rapport à un plan, lorsque les sommets homologues sont sur la même perpendiculaire au plan et en sont à la même distance.

646. Lorsqu'un plan coupe un polyèdre en deux parties symétriques, on lui donne aussi le nom de *plan de symétrie,* ou *plan diamétral* du polyèdre. Ces parties symétriquement placées par rapport au plan peuvent quelquefois se superposer. Lorsque deux plans de symétrie se coupent, leur intersection est un axe de la figure, et si trois plans de symétrie se coupent en un point, ce point est dit le *centre de la figure.*

Ainsi dans la sphère, tout plan de grand cercle est un plan de symétrie, tout diamètre est un axe. Dans les polyèdres réguliers on trouve aussi des plans de symétrie : par exemple l'octaèdre a trois plans de symétrie, qui sont les plans des trois carrés; il a également trois axes, qui sont les diagonales de ces carrés, et leur point de concours est le centre de l'octaèdre, qui est aussi le centre de la sphère inscrite et de la sphère circonscrite. Dans le tétraèdre, les plans de symétrie sont les plans bissecteurs des divers angles dièdres. Il sera facile de reconnaître les positions des plans de symétrie dans chaque polyèdre régulier.

647. Deux polyèdres symétriques ont les angles polyèdres symétriques chacun à chacun, et disposés entre eux dans le même ordre, mais en sens inverse. Si l'on considère trois éléments consécutifs a, b, c du premier polyèdre P, et les trois éléments respectivement égaux a', b', c' du second P', si b étant au milieu a est à sa droite et c à sa gauche, b' sera au milieu, mais a' sera à sa gauche et c' à sa droite. Il résulte alors de là que deux polyèdres symétriques d'un troisième sont égaux entre eux, superposables; car a'', b'', c'' étant les trois éléments successifs correspondants d'un autre polyèdre P'' symétrique de P, b'' sera au milieu, a'' à sa gauche et c'' à sa droite; donc a'', b'', c'' seront respectivement égaux à a', b', c', et disposés dans le même sens : donc P' et P'' sont égaux.

THÉORÈME. I.

648. *Si l'on prolonge au delà du sommet toutes les arêtes laté-*

rales d'une pyramide de quantités égales à elles-mêmes et qu'on unisse les points ainsi obtenus, on forme une seconde pyramide symétrique de la première.

Soient les pyramides SABC et SABCDE (*fig.* 281 et 282). Prolon-

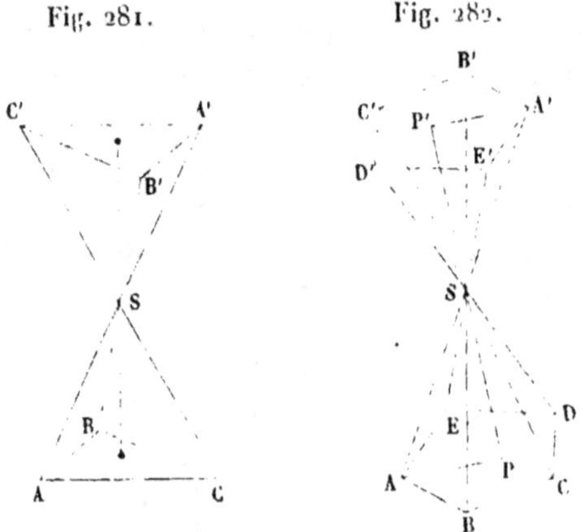

Fig. 281.

Fig. 282.

geons les arêtes et prenons SA′ = SA, SB′ = SB, SC′ = SC, SD′ = SD, SE′ = SE : les points A′, B′, C′, D′, E′ sont sur un même plan parallèle au plan ABCDE. En effet, les triangles A′SB′ et ASB ont un angle égal compris entre côtés égaux chacun à chacun, donc ils sont égaux, et l'on en conclut A′B′ = AB et l'angle SA′B′ = SAB ; mais ces angles ont la position d'alternes-internes par rapport aux droites AB et A′B′ coupées par AA′. Donc les droites A′B′ et AB sont à la fois égales et parallèles. On démontrerait qu'il en est de même des droites B′C′ et BC, C′D′ et CD,... Donc les polygones A′B′C′D′E′ et ABCDE sont égaux, puisqu'ils ont les côtés égaux et les angles égaux, et les plans de ces deux polygones sont parallèles. Nous avons donc formé une seconde pyramide SA′B′C′D′E′ dont tous les éléments sont égaux à ceux de la pyramide SABCDE, mais disposés en sens inverse. Donc enfin ces deux pyramides sont symétriques et symétriquement placées par rapport au sommet S, qui sera par conséquent leur centre de symétrie.

649. Concevons maintenant un polyèdre quelconque P ; nous pour-

rons le décomposer en pyramides ayant toutes pour sommet un sommet S du polyèdre, et construire, comme ci-dessus, des pyramides symétriques et symétriquement placées par rapport à ce sommet. L'ensemble de toutes ces nouvelles pyramides formera un second polyèdre P′ symétrique du premier.

En effet, les faces du polyèdre P′ ayant un sommet en S sont égales aux faces correspondantes du polyèdre P, comme étant composées de triangles égaux chacun à chacun; les autres faces sont égales comme étant les bases de pyramides symétriques. Les angles dièdres de P et de P′ sont ou ceux de deux pyramides symétriques, ou les sommes d'angles égaux chacun à chacun provenant de ces mêmes pyramides; par conséquent les polyèdres P et P′ ont les angles dièdres égaux chacun à chacun. Enfin les angles polyèdres, composés par ce qui précède de faces égales et d'angles dièdres égaux, sont égaux dans toutes leurs parties, mais les parties égales sont disposées en sens inverse; donc les polyèdres P et P′ sont symétriques. Nous pouvons alors tirer de là la conclusion que :

THÉORÈME II.

Deux polyèdres composés d'un même nombre de pyramides symétriques chacune à chacune, disposées dans le même ordre, mais en sens inverse, sont des polyèdres symétriques.

THÉORÈME III.

650. *Deux polyèdres symétriques sont décomposables en un même nombre de pyramides symétriques chacune à chacune, disposées dans le même ordre, mais en sens inverse.*

En effet, soient deux polyèdres symétriques P et P′. Construisons, comme précédemment, un polyèdre P″, symétrique de P et symétriquement placé par rapport à un sommet S. Les deux polyèdres P′ et P″, tous deux symétriques du polyèdre P, sont égaux superposables (n° 647); ils sont donc composés du même nombre de pyramides égales chacune à chacune et disposées dans le même ordre. Or les pyramides qui composent le polyèdre P″ sont symétriques chacune à chacune de celles qui composent le polyèdre P; donc aussi les polyèdres symétriques P et P′ sont composés du même nombre de pyramides symétriques chacune à chacune, disposées dans le même ordre, mais en sens inverse.

631. Un polyèdre P étant donné, on pourra, d'après ce qui précède, en déduire un second P′ qui lui soit symétrique et symétriquement placé par rapport à un sommet S. Mais on peut aussi construire le polyèdre symétrique de P de manière que le centre de symétrie soit placé en un point O quelconque. On pourrait, en effet, démontrer *à priori* que si l'on unit le point O à tous les sommets du polyèdre P, et si l'on prolonge ces droites au delà du point O de quantités égales à elles-mêmes, les extrémités seront les sommets d'un second polyèdre P′ symétrique du proposé.

On peut aussi le déduire de la disposition précédente : il suffit évidemment de le démontrer pour une pyramide. Pour cela unissons le point O (*fig.* 283) au sommet S, prenons OS″ = OS, et

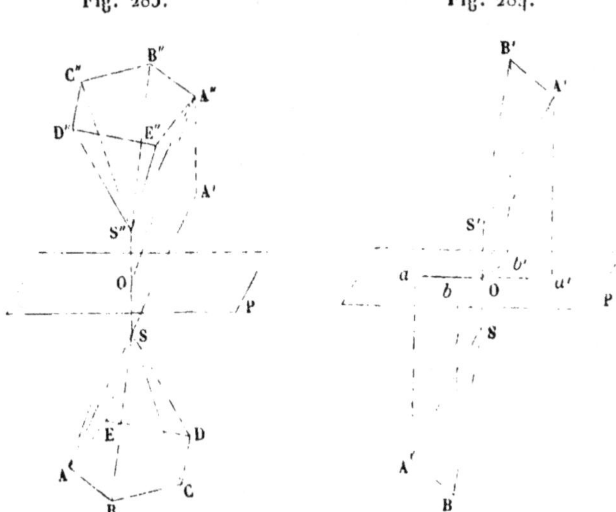

supposons que la pyramide SA′B′C′D′E′ (*fig.* 282) se meuve parallèlement à elle-même, jusqu'à ce que son sommet S soit arrivé en S″ (*fig.* 283), tous les autres sommets parcourront des droites égales et parallèles à SS″. Soit A″ la position que viendra prendre le sommet A′, la figure SA′A″S″ est un parallélogramme, et comme SA = SA′, la droite AA″ passera par le point O, milieu de SS″ ; par la même raison les droites BB″, CC″, etc., passeront par ce point O et y seront toutes coupées en deux parties égales. Les pyramides symétriques SABCDE et S″A″B″C″D″E″ ont donc leur centre de symétrie en O.

652. Enfin deux polyèdres symétriques peuvent être placés symétriquement par rapport à un plan donné. En effet, ayant préalablement donné aux deux polyèdres et, par conséquent, à deux des pyramides qui les composent, la position symétrique par rapport à un centre O situé sur le plan P, la droite SS′ étant perpendiculaire à ce plan, j'abaisse de deux sommets homologues A et A′ (*fig.* 284) les perpendiculaires Aa, A′$a′$ sur le plan P, les trois points a, O, $a′$ sont en ligne droite et O$a′$ = Oa. En effet, menons AOA′, les droites Aa et A′$a′$ sont dans le plan AA′SS′; donc aO$a′$ est l'intersection de ce plan et du plan P. Les deux triangles AOa et A′O$a′$ sont rectangles, ont un angle aigu égal en O, et les hypoténuses AO et A′O égales; donc

$$O a′ = O a \quad \text{et} \quad A′ a′ = A a.$$

Par une même démonstration on verra que bO$b′$ est une ligne droite et que

$$O b′ = O b, \quad B′ b′ = B b,$$

et ainsi des autres lignes analogues répondant aux autres sommets.

Cela posé, faisons pivoter le polyèdre S′A′B′… autour de SS′, la droite O$a′$ tournera dans le plan P et viendra dans la position Oa, le point $a′$ tombera sur le point a et les deux sommets A et A′ seront alors également distants du plan P et sur la même perpendiculaire à ce plan. L'angle $a′$O$b′$ = aOb, donc au même instant la droite O$b′$ s'appliquera sur Ob, et les sommets B et B′ seront symétriquement placés par rapport au plan P. Il en sera évidemment de même de tous les autres sommets; donc enfin les deux polyèdres seront symétriquement placés par rapport au plan P.

653. Ces positions symétriques par rapport à un point ou à un plan, que l'on peut toujours donner à deux polyèdres symétriques,

pourraient servir à démontrer que deux polyèdres symétriques d'un même polyèdre sont égaux superposables.

THÉORÈME IV.

654. *Deux polyèdres symétriques sont équivalents.*

1°. Deux pyramides symétriques peuvent toujours être placées symétriquement par rapport à un sommet S (*fig.* 282). En abaissant du point S la droite PP′ perpendiculaire sur le plan ABCDE, elle le sera aussi sur le plan A′B′C′D′E′, et de plus on aura SP = SP′. Donc les deux pyramides ont des bases égales, et des hauteurs égales; donc elles sont équivalentes.

2°. Deux polyèdres symétriques quelconques pouvant toujours être décomposés en un même nombre de pyramides symétriques chacune à chacune et, par conséquent, équivalentes, les polyèdres sont aussi équivalents.

655. Deux polyèdres semblables peuvent avoir les éléments homologues disposés en sens inverse : ils participent alors des figures symétriques; mais cette circonstance ne peut rien changer aux démonstrations données précédemment.

CHAPITRE VII.
LEVER DES PLANS ET NIVELLEMENT.

656. Dans la première Partie de ce Cours, j'ai traité du lever des plans, en admettant que le terrain est horizontal ou sensiblement horizontal. Lorsque la pente du terrain est trop considérable pour qu'il soit permis d'en faire abstraction dans l'opération du lever, on doit avoir recours au nivellement.

L'opération simple du nivellement a pour but de déterminer la différence de hauteur des points de station, ou, en d'autres termes, de trouver la longueur de la perpendiculaire abaissée de l'une des stations sur le plan horizontal passant par l'autre station. Cette perpendiculaire donne la hauteur ou l'*altitude* du point le plus élevé par rapport à l'autre, ou la *dépression* du point le moins élevé pas rapport à l'autre.

Dans les plans topographiques, les altitudes marquées sont prises par rapport au plan horizontal formé par le niveau moyen des eaux de la mer dans une faible étendue. C'est ce que nous pourrions appeler l'*altitude absolue* du point : celle que nous avons définie ci-dessus serait alors l'*altitude relative*.

657. Tout le monde sait que la Terre est à peu près sphérique, en faisant abstraction des montagnes et des dépressions du sol qui généralement sont envahies par les eaux. On sait également que les eaux des grandes mers sont soumises à un mouvement continuel de *flux* et de *reflux*. A part les circonstances locales et les cas particuliers occasionnés par les perturbations atmosphériques, les eaux, dans leur double mouvement, s'abaissent et s'élèvent au-dessous et au-dessus d'un niveau sensiblement constant. C'est ce niveau qu'on appelle le *niveau moyen* des mers, c'est ce niveau qui est à peu près sphérique. L'*altitude absolue,* ou la *dépression absolue* d'un point du globe terrestre est mesurée par la normale abaissée de ce point sur la surface du niveau moyen des mers. Par suite, l'*altitude relative* d'un point, par rapport à un autre point du globe terrestre, est la différence des altitudes absolues de ces deux points. Si les points sont peu éloignés l'un de l'autre, les pieds des deux normales qui mesurent leurs altitudes peuvent être considérés comme situés sur le même plan tangent à la surface du niveau moyen des mers, et alors l'altitude du point le plus élevé est en effet la longueur de la perpendiculaire abaissée de ce point sur le plan horizontal passant par l'autre point. Les opérations habituelles du lever des plans se font dans ces conditions. Mais si les points proposés sont très-éloignés l'un de l'autre, cette détermination de l'altitude relative ne serait plus permise ; il faut alors la prendre dans sa définition rigoureuse, et la déterminer par d'autres considérations qui ne peuvent pas être exposées dans ce traité.

658. Les instruments qui servent au nivellement sont le *niveau* et la *mire*. On emploie deux sortes de niveau : le *niveau d'eau* et le *niveau à bulle d'air*.

Le niveau d'eau consiste en un tube horizontal recourbé à ses deux extrémités ; les branches verticales sont terminées par un renflement dans lequel on pose un tube en verre, ou bouteille ouverte aux deux extrémités. Au milieu du tube horizontal est soudé (*fig.* 285), ou adapté par un genou à coquille (*fig.* 286), un tube creux qui permet de poser l'instrument sur un pied.

Fig. 285.

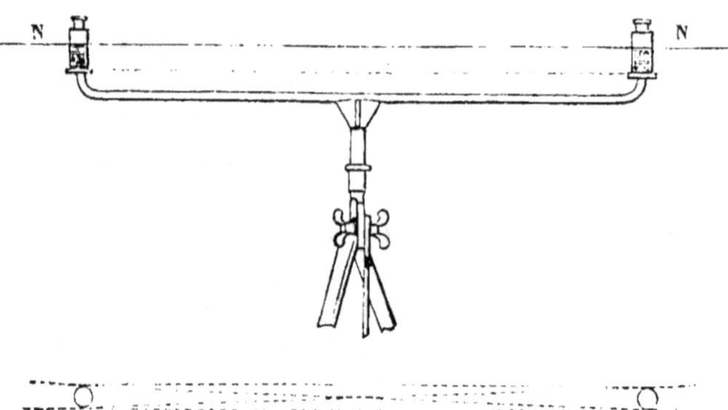

Fig. 286.

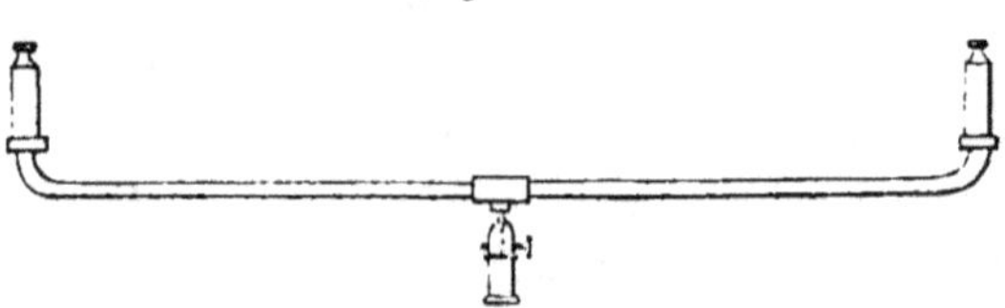

On a perfectionné le niveau d'eau en le composant (*fig.* 287) d'un tube horizontal en cuivre AB terminé par deux tubes un peu plus petits, qui peuvent s'engager dans des rallonges ED. Le tube AB est muni à ses deux bouts d'une petite vis fixe *a* garnie d'une rondelle en cuir. Les rallonges ED portent un écrou mobile *b*, qui vient se serrer sur la vis *a* de manière qu'à l'aide de la rondelle en cuir les parties sont parfaitement ajustées. Aux extrémités D le tube se termine par une boule percée à sa partie supérieure d'un trou conique dans lequel vient se visser un montant en cuivre F qui supporte un tube ou bouteille en verre G. Cette bouteille est elle-même enveloppée d'un manchon en cuivre H fermé à sa partie supérieure.

Fig. 287.

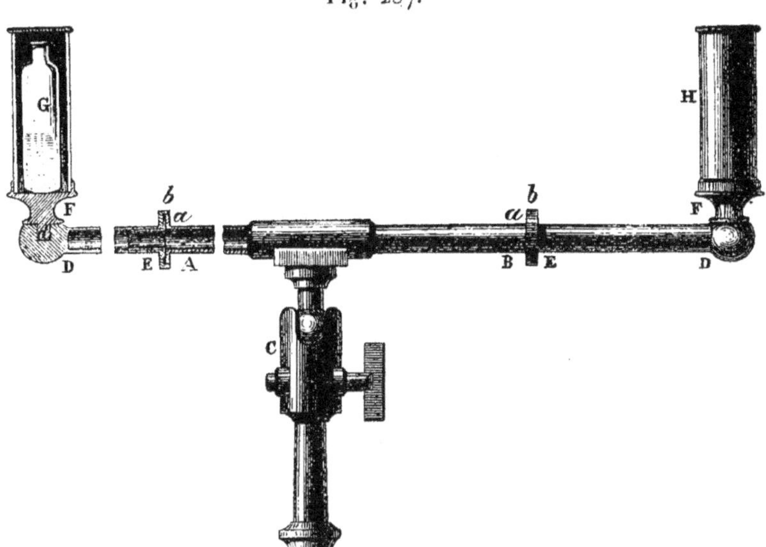

Toutes ces pièces démontées se placent dans une boîte qui en rend le transport très-facile. Pour éviter les fuites d'eau, toutes les parties sont garnies à leur jonction par des rondelles en cuir.

Lorsqu'on veut se servir du niveau, on le remplit d'eau, qui, en vertu du principe d'hydrostatique, s'élève dans les deux bouteilles à une même hauteur horizontale; on vise de manière que le rayon visuel rase la surface de l'eau dans les deux bouteilles. Quand on emploie l'instrument perfectionné (*fig.* 287), on enlève les manchons en cuivre H. Dans quelques instruments, cependant, ces manchons sont ouverts longitudinalement par deux fenêtres au travers desquelles on dirige le rayon visuel. Lorsqu'on veut transporter l'instrument, on le vide ou on ferme les bouteilles.

659. Le niveau à bulle est un niveau ordinaire AB (*fig.* 288) posé sur deux supports C, C, fixés à une règle en cuivre DE, de manière que l'axe du niveau soit parallèle à la face supérieure de la plaque. Aux deux extrémités de la règle DE s'élèvent deux montants DLM, ELM percés tous les deux d'un très-petit trou L

par lequel on vise, et d'une fenêtre ronde M traversée par deux crins qui se croisent à angle droit. Cette forme particulière des

Fig. 288.

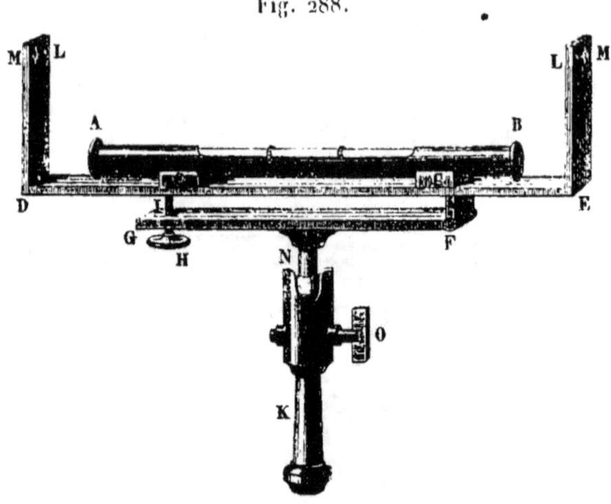

pinnules a pour but de rendre invariable la ligne de visée ; de plus, le petit trou L de chaque montant et le point de croisement des fils de la fenêtre M de l'autre montant déterminent une droite exactement parallèle à l'axe du niveau et que l'on rend horizontale par le dispositif suivant :

Au-dessous de la plaque DE s'en trouve une seconde FG mobile autour d'une charnière horizontale F ; l'autre extrémité G est traversée par une vis de rappel H qui vient butter contre un renfort en cuivre fixé à la plaque DE. A la plaque inférieure FG est fixé un genou N que l'on peut serrer entre deux mâchoires à l'aide d'une vis O, et au-dessous cet appareil se termine par un tube creux qui permet de poser l'instrument sur un pied.

Il est évident d'ailleurs que l'on pourrait remplacer les pinnules par une lunette dont l'axe optique devrait être parallèle à l'axe du niveau.

660. La mire consiste principalement en une plaque carrée en tôle (*fig.* 289) nommée *voyant*, divisée en quatre carrés égaux, dont deux opposés sont teints en rouge : ce sont ceux marqués par des hachures sur la figure ; les deux autres restent en blanc.

Le point central où vont se réunir ces quatres carrés est en outre indiqué par un bouton en cuivre.

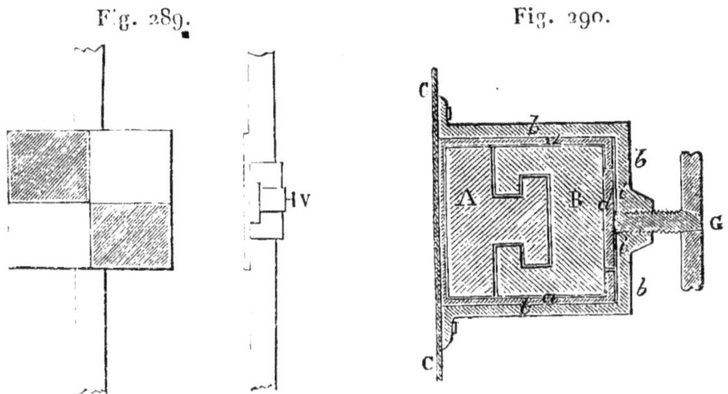

Pour que ce voyant puisse servir au nivellement, on l'adapte à une tige en bois rectangulaire sur laquelle il peut glisser. A cet effet il est fixé à un manchon (*fig.* 290) qui embrasse la tige et contre laquelle on peut l'arrêter à toute hauteur au moyen de la vis de pression G ou V (*fig.* 289).

La tige de l'instrument peut avoir diverses hauteurs ; les plus ordinaires s'élèvent à 4 mètres par le dispositif suivant :

Une première pièce de bois de 2 mètres BB (*fig.* 291), munie d'un pied ou sabot *g*, est creusée d'une rainure indiquée sur la coupe transversale (*fig.* 290), et dans laquelle peut glisser une seconde tige A de même longueur. Au bas de la tige A est fixé un manchon pareil à celui qui porte le voyant C. Lorsque le voyant a atteint le haut de la tige B, il vient butter contre le haut de la tige A ; on serre la vis G du voyant, et on desserre celle de la tige A, afin de pouvoir la faire glisser dans la rainure. Lorsqu'on élève la tige A, le voyant est élevé en même temps, et dès qu'il a atteint la hauteur de la ligne de visée, on serre la vis G du manchon lié à la tige A, pour la fixer contre la tige B. La hauteur totale à laquelle on peut ainsi atteindre est de 4 mètres, mais les oscillations de l'instrument ne permettent pas de s'en servir avec une exactitude suffisante au delà de $3^m,8o$.

661. On remplace souvent ces mires par de simples barres de bois très-droites que l'on divise en parties égales, le plus souvent

de 1 à 2 décimètres, et que l'on peint alternativement en couleurs tranchantes, par exemple en blanc, en rouge.

Fig. 291.   Fig. 292.

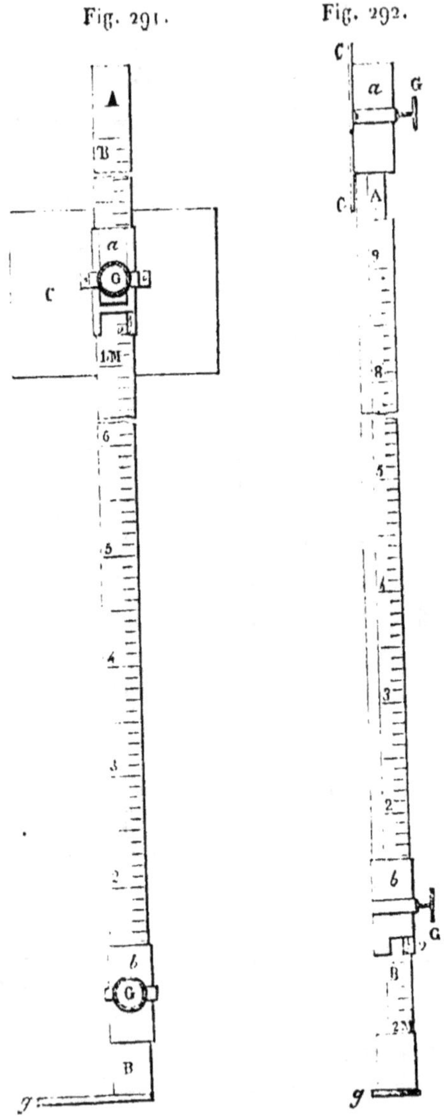

Souvent aussi on se sert d'une sorte de grand jalon sans division, et sur lequel on fait glisser un papier pour servir de voyant; mais il est évident que les opérations ainsi faites ne présentent aucune exactitude sérieuse.

662. Lorsqu'on veut trouver la différence de niveau de deux points peu éloignés l'un de l'autre et dont les altitudes sont peu différentes, on peut s'établir, avec l'un des instruments précédents,

Fig. 293.

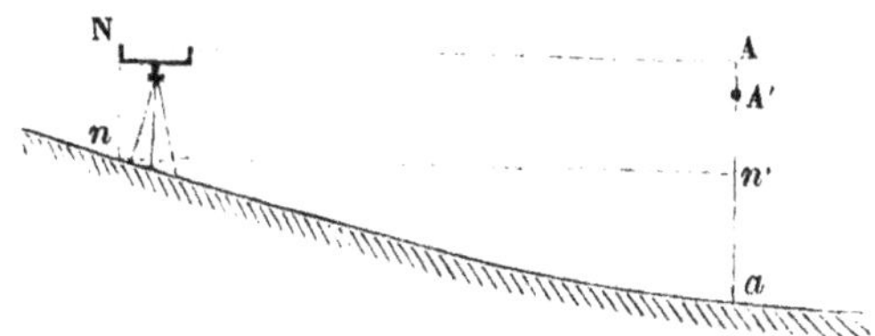

au point le plus élevé; un aide se place avec une mire au point le plus bas (*fig.* 293). L'aide tourne le voyant de la mire vers l'opérateur et pose son pied sur le sabot *g* pour maintenir la mire; il élève d'abord le voyant à une hauteur approchant de celle à laquelle il doit atteindre. L'opérateur vise, comme nous l'avons dit, avec le niveau à bulle, et s'il emploie le niveau d'eau, il vise dans le plan des surfaces de l'eau dans les deux bouteilles; si la ligne de visée reste au-dessous du bouton du voyant ou de la ligne horizontale passant par ce point, et qu'on nomme *ligne de foi,* il fait signe à l'aide de baisser; si au contraire la ligne de visée passe au-dessus de la ligne de foi, il fait signe de remonter. Dans ce dernier cas, lorsque le voyant est arrivé à l'extrémité des deux mètres, s'il faut monter encore, l'aide commence par serrer la vis de pression : le voyant est alors fixé à la tige A mobile dans la rainure; il élève cette tige, et lorsque l'opérateur fait signe que le voyant est à la hauteur de la ligne de visée, l'aide serre la vis de pression de la tige A.

La différence de niveau se lit toujours sur la partie principale de la mire, derrière si la hauteur n'excède pas 2 mètres, et sur le côté pour des hauteurs plus grandes. Dans tous les cas, il faut en retrancher la hauteur de la ligne de visée au-dessus de la station. Pour fixer cette ligne de niveau, lorsqu'on emploie le niveau à bulle, remarquons que tout l'appareil LDEM (*fig.* 288) est soli-

daire, la plaque FG est fixe sur le pied ; on doit d'abord rendre
la douille K verticale ; on fait mouvoir l'instrument autour du genou N pour le rendre à peu près horizontal, et l'on serre la vis O.
Si la bulle d'air n'est pas au milieu du tube AB, on l'y ramène à
l'aide de la vis de rappel H, qui, buttant contre la plaque DE en I,
fait mouvoir toute la partie supérieure autour de la charnière F.
Si la bulle est du côté B, ce côté est trop haut, on monte la vis H ;
on la descend au contraire si la bulle est du côté A.

Avec le niveau d'eau on rend le tube AB (*fig.* 287) à peu près
horizontal, et, en vertu du principe d'hydrostatique, les surfaces
de l'eau dans les deux bouteilles sont toujours sur le même plan
horizontal.

663. La tige principale BB (*fig.* 291) de la mire porte deux divisions en centimètres, l'une de o à 2 mètres, qui sert toutes les fois
que la seconde tige AA n'a pas été déplacée ; l'autre, de 2 mètres à
4 mètres, dont on se sert lorsque cette seconde tige a été élevée. Le
zéro de la première est au talon même g de la mire, mais l'indication 2 mètres de la seconde est placée au niveau du bas de la tige
dans la rainure, point qui est un peu au-dessus du talon. En effet,
lorsque le voyant est arrivé à l'extrémité de l'instrument, la hauteur mesure 2 mètres, et à cette hauteur il faut ajouter tout ce
dont la seconde tige a été soulevée ; donc le troisième mètre doit
commencer au bout de cette tige lorsqu'elle est au repos. Pour
permettre la lecture de ces divisions, les manchons du voyant et de
la seconde tige sont échancrés et portent habituellement un cen-
timètre divisé en millimètres ; le zéro de ce complément d'échelle,
adapté au manchon du voyant, est à la hauteur de la ligne de foi.

664. Lorsque les deux points dont on veut avoir la différence
de niveau sont plus éloignés ou que leur différence d'altitude est
trop grande, on place le niveau à peu près à moitié distance des
deux points, et deux aides tiennent des mires à chaque point
(*fig.* 294). On vise alors alternativement la mire du point a et
celle du point b, et la différence des lectures aA et bB donne la
différence de niveau des deux points. En effet, si l'on conçoit
bb' parallèle à la ligne de visée AB, $ab' = a\text{A} - b\text{B}$ sera évidemment la différence de niveau cherchée.

Ce procédé offre deux avantages : le premier est de ne pas avoir à mesurer la hauteur de la ligne de visée ; le second est de com-

Fig. 294.

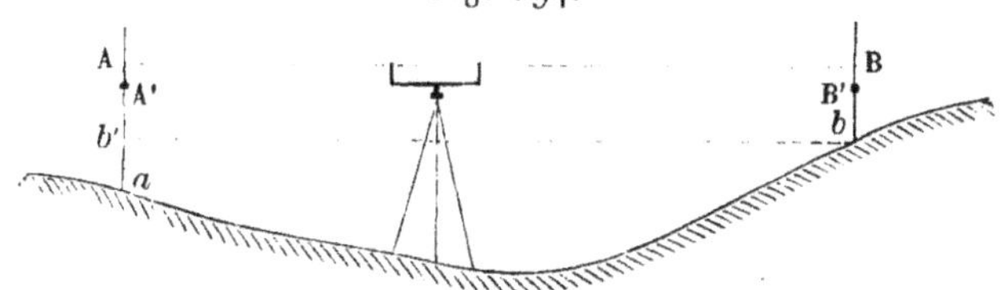

penser à peu près dans les deux opérations l'erreur produite sur chaque visée par l'effet de la réfraction atmosphérique, erreur dont d'ailleurs nous ne ferons plus mention par la suite.

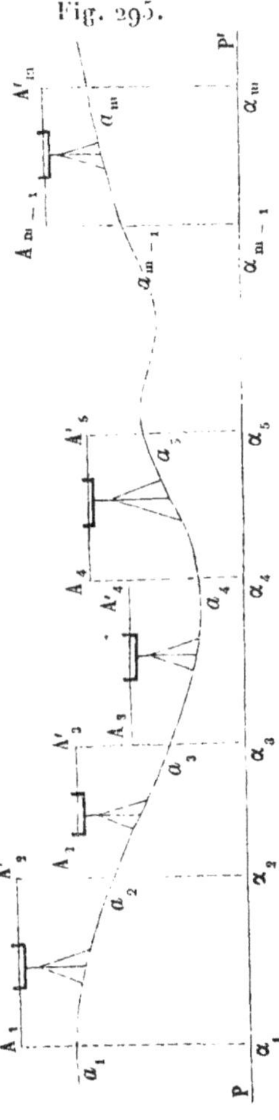

Fig. 295.

665. Si l'étendue du nivellement est encore plus considérable, on fractionne cet intervalle et l'on opère pour chaque partie comme il vient d'être dit. Ainsi, en partant du point a_1 (*fig.* 294) pour arriver au point a_m, nous mesurons la différence de niveau du point a_1 à un point intermédiaire a_2, laquelle sera $a_1 A_1 - a_2 A'_2$, altitude relative, positive ou négative, suivant que l'on est parti du point le plus bas ou du point le plus élevé. On trouvera de même $a_2 A_2 - a_3 A'_3$ pour la différence de niveau du point a_2 au point a_3, et ainsi de suite. En ajoutant toutes ces différences partielles, la somme algébrique donnera l'altitude du point a_m sur le point a_1 si le résultat est positif, ou la dépression s'il est négatif. En résumé, on voit que, quel que soit le fractionnement de l'intervalle des points a_1 et a_m, il faut, pour avoir leur différence de niveau, faire la somme des mesures prises sur les mires en arrière, ou, comme on le dit, des *coups-arrière*, et en retrancher la somme des mesures des *coups-avant*,

666. Si l'on connaît l'altitude absolue du point de départ a, en l'ajoutant à la différence de niveau du second point, on aura son altitude absolue.

Enfin, lorsqu'on veut sur une carte indiquer les altitudes des divers points relevés, il est essentiel de les rapporter toutes à un même plan général de comparaison. Cette opération est nécessaire lorsqu'on veut lever le plan d'un terrain incliné, car ce n'est pas l'étendue superficielle de ce terrain qu'il faudra reconnaître dans l'arpentage, mais seulement celle de la projection sur un plan horizontal. Pour faire cette opération, après avoir relevé divers points d'une même station O, il faut mesurer toutes les distances de ces points au point O sur le terrain incliné, puis projeter horizontalement ces droites à l'aide de triangles rectangles dont ces mêmes droites sont les hypoténuses et les différences de niveau l'un des côtés de l'angle droit.

667. Ces relèvements se font facilement à l'aide des niveaux de pente (*fig.* 296), qui ne diffèrent du niveau à bulle que nous avons décrit (n° 659) qu'en ce que les deux montants à pinnules sont de

Fig. 296.

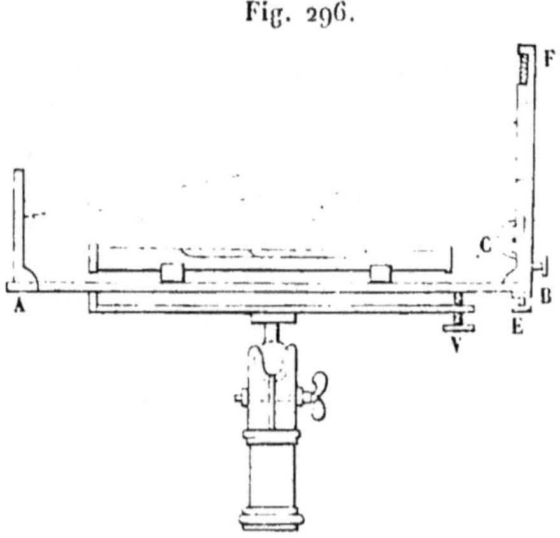

longueur inégale; le plus grand porte une échelle graduée, et la pinnule correspondante peut se mouvoir verticalement à l'aide d'un bouton attaché au montant, et, pour les petits mouvements, à l'aide d'une vis sans fin placée au-dessous. Pour s'en servir on rend le niveau horizontal, comme on l'a dit précédemment, et l'on donne à la ligne de visée l'inclinaison voulue par le mouvement des

pinnules. Les deux montants portent également un trou très-fin
et une fenêtre traversée par deux fils croisés, afin de pouvoir viser
un point plus élevé que la station en regardant par le petit montant, ou viser en plongeant si l'on regarde par le grand montant.

668. Pour lever un terrain qui n'est pas horizontal, on peut se
servir avantageusement de la boussole à klisiomètre de M. Mi-
chaud-Delacroix. Elle consiste en une boussole ordinaire à déclinaison renfermée dans une boîte carrée munie en dessous d'une
douille à genou, comme tous les instruments qui doivent être
portés sur un pied. Lorsqu'on veut s'en servir, on rend l'instrument horizontal à l'aide du niveau à bulle ; on serre ensuite la vis
de pression A (*fig.* 297), qui maintient l'instrument dans sa posi-

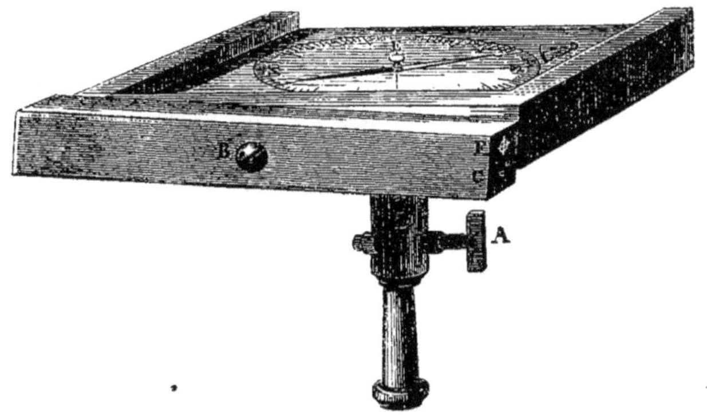

Fig. 297.

tion horizontale ; mais il peut tourner autour de l'axe de la douille,
et si l'on a eu la précaution de rendre cet axe vertical, l'instrument
en tournant ne perd pas sa position horizontale. Sur l'un des côtés
de la boîte est un tube creux, de forme prismatique, mobile autour
d'un écrou B ; sur les faces antérieure et postérieure de ce tube
sont pratiqués un très-petit trou C et une fenêtre F traversée par
deux crins rectangulaires ; le trou d'une face correspond à la fenêtre
de la face opposée, de manière que la droite menée du trou au
point d'intersection des crins est parallèle à la ligne nord-sud de la
boussole lorsque l'instrument est au repos, c'est-à-dire lorsque le tube
est horizontal ; et lorsque ce dernier tourne autour de l'écrou B, cette
ligne de visée se meut dans un plan vertical, et prend des posi-

tions parallèles à des droites tracées sur la face latérale de la boîte et qui indiquent l'angle d'inclinaison de la ligne de visée.

669. Pour faire un lever avec la boussole à klisiomètre, on peut opérer à une ou à deux stations, c'est-à-dire par rayonnement ou par intersection. Pour opérer à une station, il faut avoir la différence de niveau de la station à chacun des points que l'on veut relever : la boussole donne facilement ce résultat. En effet, ayant posé une mire au point demandé, on monte le voyant à une hauteur égale à celle de l'instrument, puis on dirige la ligne de visée sur le bouton, ou simplement sur la ligne de foi; on lit sur la face latérale de la boussole l'angle d'inclinaison; on mesure à la chaîne la distance de ce point à la station, et l'on a l'hypoténuse et un angle aigu du triangle rectangle, dont le côté opposé à l'angle aigu est la différence de niveau cherchée, et l'autre côté de l'angle est la projection de la droite mesurée, ou la longueur qu'il faut reporter sur le dessin.

670. Si la différence de niveau n'est pas grande, qu'elle puisse se prendre d'un seul coup, l'usage de la boussole peut dispenser de tout chaînage. En effet, ayant mesuré, comme précédemment, la hauteur h qui est celle de l'instrument, on relève la pinnule pour la rendre horizontale et l'on fait monter le voyant à la même hauteur H; alors H — h mesure la différence de niveau des deux points, on a d'ailleurs l'angle d'inclinaison, comme nous venons de l'expliquer; on connaît donc dans le triangle rectangle le côté vertical et les angles; on pourra le construire et obtenir à la fois la distance inclinée des deux points et sa projection, soit graphiquement, soit par le calcul.

Ce procédé peut s'appliquer à un nivellement quelconque. Pour cela on fera jalonner sur le terrain en pente dans la direction des deux points extrêmes; puis, pour n'avoir pas à mesurer la hauteur de la ligne de visée horizontale, ce qui est toujours l'opération la plus gênante, on emploiera deux mires : on en fera placer une au point le plus haut et une au-dessous de la station. On prendra la différence de niveau comme avec un niveau ordinaire. Pour avoir l'inclinaison, il faut faire tourner l'alidade jusqu'à ce que l'on mesure la même hauteur sur les deux mires, à la différence près des distances des deux lignes de visée. A la vérité cette distance mesurée sur l'alidade est perpendiculaire aux lignes de visée, tandis qu'elle est oblique sur les mires ; mais cette différence est si petite, qu'elle ne peut jamais produire une erreur appréciable sur le résultat des opérations. On peut éviter, en outre, cette dernière difficulté par la considération suivante :

Soient A et B (*fig.* 298) les points extrêmes dont on cherche la différence de niveau, C la station de l'observateur, CD la hauteur de l'instrument, ab la direction horizontale de la ligne de visée ;

F'g 298.

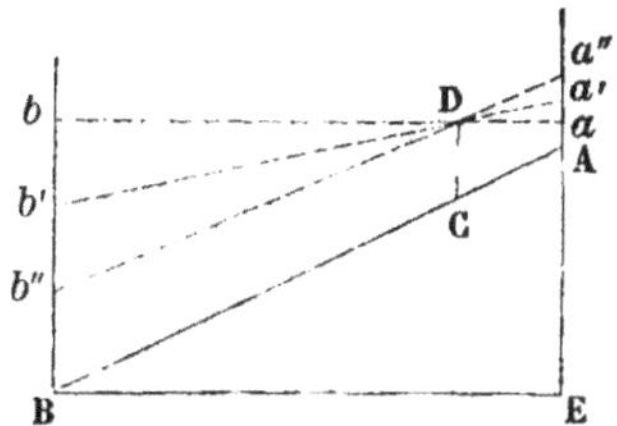

$Bb - Aa = AE$ est la différence de niveau des deux points A et B. Inclinons l'alidade dans les directions $a'b'$, $a''b''$, etc., les droites parallèles Bb et Ea'' sont coupées en parties proportionnelles par les droites issues du point D (n° **205**). On a donc

$$\frac{bb'}{aa'} = \frac{bb''}{aa''}, \quad \text{ou} \quad \frac{Bb - Bb'}{Aa' - Aa} = \frac{Bb - Bb''}{Aa'' - Aa} ;$$

si nous supposons que $Bb'' = Aa''$, et si, en outre, pour simplifier l'écriture, nous désignons par H, H', H'' les hauteurs Bb, Bb', Bb'' et par h, h', H'' les hauteurs Aa, Aa', Aa'', la proportion s'écrira

$$\frac{H - H'}{h' - h} = \frac{H - H''}{H'' - h},$$

et nous donnera la suivante (*Alg.*, n° **144**, 1°)

$$\frac{H - H' + h' - h}{H - h} = \frac{h' - h}{H'' - h},$$

d'où l'on tire

$$H'' - h = \frac{(H - h)(h' - h)}{H - H' + h' - h},$$

et, par suite, toute réduction faite,

$$H'' = \frac{Hh' - H'h}{H - H' + h' - h}.$$

Par conséquent, une observation inclinée quelconque fournira tous les éléments du calcul de H″, et il suffira de diriger l'alidade sur cette hauteur de l'une des mires pour avoir l'inclinaison demandée.

L'usage du calcul trigonométrique simplifiera beaucoup la recherche de cette inclinaison.

671. Si l'on veut faire le lever par la méthode des intersections, ou à deux stations, il faudra toujours prendre, comme nous venons de l'expliquer, le nivellement de la base, afin de ne reporter sur le dessin que la projection horizontale de cette droite. Soit M l'une des stations, on y transporte la boussole, on la rend horizontale à l'aide du niveau, on serre la vis A (*fig.* 299). La boussole peut encore tourner sur cet axe au moyen de la roue D, sans

Fig. 299.

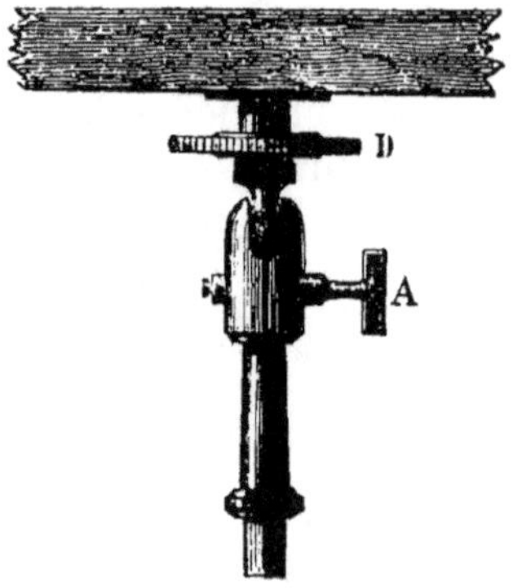

perdre sa position horizontale. On oriente d'abord le plan que l'on veut effectuer, en fixant la position que l'on donnera à la base ; pour cela on fait tourner la boussole jusqu'à ce que l'alidade horizontale ou inclinée soit dirigée vers l'autre extrémité N de la base ; on lit sur le cercle gradué l'angle mesuré par l'aiguille, du côté bleu, lequel se dirige vers le nord, sauf la déclinaison du jour de l'opération. On fait ensuite tourner la boussole à l'aide de la roue D pour la diriger vers un point A du terrain ; on lit sur le cercle gradué la quantité angulaire dont l'instrument a dû tourner autour de son axe, soit du nord à l'est, soit du nord à l'ouest, pour amener l'alidade dans cette nouvelle direction. On fait de nouveau tourner la boussole pour amener l'alidade dans la direction du point suivant B, et l'on continue à opérer de la même manière, jusqu'à ce qu'on ait relevé de la station M tous les points du terrain que l'on veut reporter sur le dessin. On se transporte ensuite à l'autre extrémité N de la base et l'on opère de même.

Tous les angles mesurés étant soigneusement inscrits sur un calepin, ainsi que l'orientation et la longueur horizontale de la base, on n'a plus qu'à faire sur le dessin avec la base aux deux extrémités M et N les angles mesurés, et les droites dirigées des deux points M et N vers le même point du terrain déterminent par leur intersection la position que doit occuper ce même point sur le dessin.

Il est inutile de dire que l'on pourrait aussi avec la boussole faire un lever par cheminement.

FIN.

www.ingramcontent.com/pod-product-compliance
Lightning Source LLC
LaVergne TN
LVHW052200200726
843508LV00015B/215